全国电力职业教育规划教材

韩文光 编

配电线路运行岗位培训教程

（技术负责人）

内 容 提 要

本书为配电线路运行班技术负责人岗位培训标准的配套教程，内容涵盖该岗位全部培训标准，具有较强的针对性和实用性。本书只讲岗位技能，不讲或少讲岗位理论知识，旨在提高该岗位人员的综合技能，掌握履职所需的各种基本技能。

本书为模块结构，由3个模块共17个单元组成。它们分别是公共模块、基础模块和专业模块。公共模块包括电气人身安全基础知识、电力应用文写作、法律法规、MU1思考与问答题4个单元。基础模块包括配电线路基础知识、班组管理知识、MU2思考与问答题3个单元。专业模块包括配电线路材料设备的型号规格与参数及线路验收知识、配电线路设计图纸资料的应用、配电线路运行班技术管理、配电线路的运行、常用仪器仪表工具及其应用、接地装置工频接地电阻的计算、柱上变压器和开关与开关站及户内配变站的运行、架空配电线路的典型反事故措施、配电线路运行班状态评价与安全性评价、MU3思考与问答题10个单元。每个模块的思考与问答题单元，供读者复习时使用。

本书可作为配电线路运行班技术负责人的岗位培训教程，也可作为晋级人员和相关岗位人员扩大技能需求的自学教材，同时可供有关工程技术人员和基层领导参考。

图书在版编目（CIP）数据

配电线路运行岗位培训教程：技术负责人/韩文光编. —北京：中国电力出版社，2014. 9

全国电力职业教育规划教材

ISBN 978-7-5123-5631-3

Ⅰ.①配… Ⅱ.①韩… Ⅲ.①配电线路-电力系统运行-职业教育-教材 Ⅳ.①TM726

中国版本图书馆CIP数据核字（2014）第043944号

中国电力出版社出版、发行

（北京市东城区北京站西街19号 100005 http://www.cepp.sgcc.com.cn）

北京市同江印刷厂印刷

各地新华书店经售

*

2014年9月第一版 2014年9月北京第一次印刷

787毫米×1092毫米 16开本 8.5印张 199千字

定价**25.00**元

前　言

岗位培训是根据具体工作岗位的性质、任务、职责和岗位工作的需要，以提高上岗人员的任职能力、具备上岗资格为目标所进行的综合培训活动。

配电线路运行岗位培训教程共分工作成员、技术负责人、班长与副班长三个分册。这三个分册是编者为中国南方电网云南电网公司于2009年发布试行的上述岗位培训标准而撰写的配套培训教程。本教程为技术负责人分册。

本套教程具有如下特点：

(1) 教程结构是模块式结构，与培训标准采用的结构相同。首先，按提高综合能力的思路，在教程里设置三个模块（MU）：公共模块、基础模块、专业模块；然后，根据模块的性质和相应的岗位培训标准为模块配置学习单元（LE）和具体学习内容。

(2) 分别按配电线路运行工种中的不同岗位编写不同岗位教程。

(3) 原则上只写技能方面的培训内容，不写理论知识的内容。因而，一般只写应做什么，如何做，不写或少写为什么这样做。

(4) 按不同岗位、不同模块分别编写思考与问答题，其中的技能广度与深度随着岗位级别的提高而提高。

本套教程由中国南方电网云南电网公司韩文光编写。在撰写配电线路运行班各岗位培训教程过程中，深得云南省电机工程学会、中国南方电网云南电网公司副总工程师邹立峰、生技部工程师黄修乾、红河供电局副局长吉德志、红河供电局配电管理所工程师张宏斌的大力协助，在此向他们表示衷心的感谢。

编者期望本套岗位培训教程对供电企业的有关岗位培训工作有所裨益，能增强各岗位人员运用各种技能的综合能力。按岗位而不是按工种撰写教程尚属尝试，加上撰写时间仓促与编者经验的不足，书中定有疏漏之处，深望读者朋友与使用本教程的老师批评指正。

编　者

2014年3月于昆明

目 录

MU3 专业模块

MU1 公共模块

LE1 电气人身安全基础知识

1.1 触电与急救

1.1.1 触电定义与触电方式

1. 触电的定义

电流流经人体（或动物），便称人体（或动物）触电。通常所称的触电是指人体的触电。

2. 触电方式

触电方式可归纳为两种：直接触电和间接触电。

（1）直接触电。直接接触或接近原生带电体而造成的触电，称为直接触电。

原生带电体是指与发电机相连接、由发电机供给电荷且对地绝缘的导电体，自然界大气中自然形成聚集大量电荷且对地绝缘的雷云，与蓄电池直接相连接的对地绝缘的导电体等物体。例如，与运行中的发电机、电网相连接的与大地绝缘的导线和电气设备、大气中的雷云等。

属于直接触电的形式为：

1）单相触电。由三相交流电路中的一相导体造成的触电称为单相触电。单相触电分为电源中性点直接接地系统的单相触电和电源中性点非直接接地系统的单相触电。

单相触电的形式有两种：

第一种是人体同时接触单相导线和大地，触电电流的流通途径是相导线、人体、大地（或与大地连接的导电体）。

第二种是人体（两手）同时接触断开的单相导线的两个断头，触电电流的流通途径是同相导线断头的一端、人体、同相导线断头的另一端。这时人体成为相电流的导体，全部负荷电流（或电容电流）流经人体。发生这种触电时往往是电流经左手（或右手）、人体、右手（或左手），是一种非常危险的触电形式，因为除了避免发生这种触电之外，现有的触电保护装置都是保护不了的。

2）两相触电。人体接触或接近三相交流电中的两相导电体造成的触电称为两相触电。两相触电是三相交流电路中最危险的触电形式之一，因为触电电流最大。

3）直接雷击触电。直接雷击触电就是雷云直接通过人体对地放电，巨大的雷电流直接流经人体。

（2）间接触电。由次生带电体造成的触电，称为间接触电。

次生带电体是指原生带电体因绝缘损坏而对金属外壳或对地放电时，使金属外壳或与金属外壳相连接的导电体和接地体及接地体周围的地面产生电位，这些带有电位的导电体和接地体及地面就是次生带电体。此外，原生带电体停电后因仍有剩余电荷而形成的带电体；处于原生带电体的附近的导电体因受原生带电体的感应而形成的带电体以及雷击大地时雷击点附近地面产生电位而形成的带电体等也是次生带电体。

例如，在电气设备正常运行时不带电位但当电气设备绝缘损坏时便带有电位的电气设备金属外壳及与电气设备金属外壳相连的接地导线和接地体、在接地体周围有电位差的地面、绝缘架空地线、与带电线路相邻的已停电的线路导线、停电后未对地放电的电力电缆导线等都是次生带电体。

属于间接触电的形式有：

1）接触电压触电。当电气设备（线路）故障接地或雷电击中电气设备和其他物体对地放电时，人站立在对地放电点附近且人手（或身体）等接触到带电位的设备的外壳等由接触电压引发的触电就是接触电压触电。

2）跨步电压触电。当电气设备（线路）故障接地或雷电击中电气设备和其他物体电流流入大地，于是在电流入地点周围的地面不同点出现不同电位，使处于接地点危险范围之内的人的两脚之间出现跨步电压，由这种电压造成的触电就是跨步电压触电。

3）感应电压触电。当人体接触或接近有感应电压的导电体时感应电荷经人体流入大地所引发的触电就是感应电压触电。

容易产生感应电压的导电体有全绝缘或半绝缘的架空地线（半绝缘是指一个耐张段内的绝缘架空地线，在耐张段的一端将架空地线接地而另一端不接地的架空地线）、同杆多回路线路中的停电线路、邻近高压线路的停电线路、有雷云或雷电活动时的停电线路等。

1.1.2 触电伤害

人体的触电伤害有两种：电击和电伤。有时这两种伤害同时发生。

1. 电击

电击是电流通过人体时对人体内部组织器官所造成的伤害，为内伤，在人体外部不留下明显的伤害痕迹。电击是触电伤害中最危险的一种伤害。

2. 电伤

电伤是电流通过人体或不经过人体时由电流的热效应、化学效应、机械效应等对人体的体表造成的伤害，为外伤。与电击相比，电伤属于局部伤害。

常见的电伤形式有电烧伤、电烙印、皮肤金属化、电光眼、机械损伤。

（1）电烧伤。电烧伤有两种：电流灼伤和电弧烧伤。

电流灼伤是人体与带电体接触，电流通过人体时电能转换为热能对人体造成的伤害。电流灼伤一般发生在低压触电时。

电弧烧伤是弧光放电时对人体造成的烧伤。电弧烧伤又分为直接电弧烧伤和间接电弧烧伤两种。在发生直接电弧烧伤时往往同时发生电击。当人体接近高电压导电体，其接近距离小于安全距离时容易发生直接电弧烧伤。间接电弧烧伤往往发生于带负荷拉隔离开关造成隔离开关短路时。这时隔离开关的金属部件被电弧熔化而溅落伤人，但短路电流并不通过人体。在高电压和低电压系统中人体都可能发生电弧烧伤。

（2）电烙印。电烙印是电流通过人体后，在人体与电流的接触部位留下的轻微烧伤斑痕。

（3）皮肤金属化。皮肤金属化是指在人体与带电体之间发生电弧时，带电体的金属微粒（如铜、黄铜）渗入皮肤，使皮肤粗糙、硬化。

（4）电光眼。电光眼是指弧光放电产生的红外线、可见光、紫外线等对眼睛的伤害，其表现为眼睛发生角膜炎或结膜炎。

（5）机械损伤。机械损伤是指电流流经人体时人体肌肉不自主地剧烈收缩造成的伤害，包括组织断裂、关节脱位及骨折等。但这种伤害不包括因触电而引起的人体坠落、碰撞等伤害。

1.1.3　与触电伤害程度有关的因素

触电造成的伤害程度与以下因素有关：

（1）电流的种类。在相同情况下，直流电流、高频电流、脉冲电流及静电电荷对人体的伤害比工频交流电流的伤害轻微，其中25～300Hz的交流电对人体的伤害最严重。

（2）电流的大小。人体触电造成的伤害与通过人体的电流大小有关，电流越大，伤害越重。实践证明，通过人体的交流电（频率为50Hz）超过10mA，直流电超过50mA时，触电者就不容易自己脱离电源。

（3）电压高低。人体的触电伤害程度与电压高低有关，电压越高，伤害越严重。

（4）触电时间的长短。人体触电的伤害程度与触电时间的长短有关，触电时间越长，后果越严重。

（5）人体的电阻。人体触电的伤害程度与人体的电阻大小有关，人体电阻越小，触电伤害越大。影响人体电阻的因素很多，例如皮肤的干燥程度、带电体与皮肤的接触面积大小及接触紧密程度、触电电流的大小、触电电压的高低等。因为人体电阻主要集中在皮肤角质层，所以在上述情况中，人体皮肤的干燥程度对人体电阻影响较大，皮肤潮湿或出汗时人体电阻较小，皮肤干燥时人体电阻较大。

（6）电流通过人体的途径。首先，触电电流通过人体大脑是最危险的，可导致立刻死亡。其次，科学实验证明，触电电流自右手流至脚的途径对人体的伤害最严重，因为这种情况下流经心脏的电流占流经人体的总电流的比例最大，同时大多数人是右手最灵活有力，习惯用右手工作，右手触电几率最大。各种途径的流经心脏的电流占流经人体的总电流的比例如下：

1）从手到手的途径，通过心脏的电流占总电流的3.3%；

2）从左手到脚的途径，通过心脏的电流占总电流的3.7%；

3）从右手到脚的途径，通过心脏的电流占总电流的6.7%；

4）从脚到脚的途径，通过心脏的电流占总电流的0.4%。

1.1.4　安全电流和安全电压

1. 安全电流

安全电流是指人体触电后能自主摆脱带电体而解除触电的允许通过人体的最大电流。

安全电流是依据科学实验的数据确定的。在电流作用下人体表现的特征见表1-1。

表1-1　电流作用下人体表现的特征

电流（mA）	50～60Hz交流电	直流电
0.6～1.5	手指开始感觉发麻	无感觉
2～3	手指感觉强烈发麻	无感觉
5～7	手指肌肉感觉痉挛	手指感到灼热和刺痛
8～10	手指关节与手掌感觉痛，手已难以脱离电源，但尚能摆脱电源	感到灼热增加
20～25	手指感到剧痛，迅速麻痹，不能摆脱电源，呼吸困难	灼热更增，手的肌肉开始痉挛
50～80	呼吸麻痹，心脏开始震颤	强烈灼痛，手的肌肉开始痉挛，呼吸困难
90～100	呼吸麻痹，持续3s或更长时间后，心脏麻痹，心脏停止跳动	呼吸麻痹

由表1-1可见，通过实验得出的长时间触电情况下50～60Hz交流电的安全电流是

10mA，直流电的安全电流是 50mA。但我国一般取触电时间不超过 1s 的 30mA（50Hz 交流）电流为安全电流值，或称安全电流值为 30mA。因为触电伤害除与电流大小、触电时间长短有关之外，还与触电时的环境、电器的种类等因素有关。为此，在实际应用时还应根据具体情况来确定不同情况下的安全电流值。例如，不同情况下安装的交流电末级剩余电流动作保护器（简称电流型末级漏电保护器）就采用不同的动作电流值。通常根据以下使用条件来选定电流型漏电保护器的动作电流值：

（1）家用电器、固定安装的电器、移动式电器、携带式电器以及临时用电设备的漏电保护器的动作电流为 30mA；末级漏电保护器最大分断时间为 0.2s。

（2）手持式电动器具的漏电保护器动作电流为 10mA；在特别潮湿的场所，漏电保护器动作电流为 6mA；末级漏电保护器最大分断时间为 0.2s。

2. 安全电压

安全电压是指不致使人直接致死或致残的电压。交流安全电压（简称安全电压）是参照交流电的电压高低对人体的影响情况来确定的。电压高低对人体的影响情况见表 1-2。

表 1-2　　电压高低对人体的影响情况

接触时的情况		接近时的情况	
电压（V）	对人体的影响	电压（kV）	可接近的最小安全距离（cm）
10	全身在水中时，跨步电压的界限为 10V/m	3	15
		6	15
20	为湿手的安全界限	10	20
30	为干燥手的安全界限	20	30
50	对人的生命没有危险的界限	30	45
100～200	危险性急剧增大	60	75
200 以上	使人的生命发生危险	100	115
3000	被带电体吸引	140	160
10 000 以上	有被弹开而脱险的可能	270	300

安全电压是分等级的，应根据生产和作业场所的特点及用电器具的种类来选择相应等级的安全电压。GB/T 3805—2008《特低电压（ELV）限值》规定，我国安全电压额定值的等级为 42、36、24、12、6V。我国规定的不同环境与使用条件下的交流有效值的安全电压额定值如下：

在无高度触电危险的建筑物中使用手持电动工具等为 42V。

在有高度触电危险的建筑物中使用行灯等为 36V。

在有特别触电危险的建筑物中人体可能偶然触及带电设备带电体时为 24、12、6V。

一般环境条件下允许持续接触的“安全特低电压”是 50V。

1.1.5 触电急救

触电急救的基本原则是动作迅速、操作正确。具体原则：一是在确保施救者安全的原则下使触电者尽快脱离电源（如果已脱离电源则无此步骤）；二是迅速对症抢救。

1. 脱离电源

脱离电源就是把触电者接触的那一部分带电设备的断路器、隔离开关或其他开关设备断开，或设法将触电者与带电设备脱离。

在使触电者脱离电源的过程中，施救者既要救人，也要注意保护自己，要确保自身不触电和不发生其他伤害，为此应遵守以下安全和急救事项：

（1）在触电者未脱离电源之前，施救者不得直接用手触及触电者。

（2）在确保施救者安全的前提下，要使触电者尽快脱离电源，越快越好。

（3）如果是由于触电者触及或接近断落在地面的高压线而造成触电时，在线路仍带电或未确证线路已无电的情况下，施救者在未采取安全措施之前不得进入断线落地点8～10m范围内。只有在采取安全措施（如穿绝缘靴、戴绝缘手套等）方可进入上述范围内，并采用相应的脱离电源的措施使触电者脱离电源。当触电者已脱离电源，但未确证线路已无电情况下，要将触电者转移到断线落地点8～10m以外的范围后才能对触电者进行触电急救。只有在确证断线线路已无电且已将线路可靠接地后，方可就地立即对触电者进行触电急救。

（4）施救者在现场使触电者脱离电源时，最好只用一只手进行。

（5）施救者在施救过程中，要始终注意使自己与周围带电体保持必要的安全距离。

（6）在夜间或暗处进行触电抢救之前应准备临时照明，以利于现场抢救。

（7）应根据现场的具体情况采用正确的脱离电源的方法和措施使触电者脱离电源。

（8）使触电者脱离低压电源的常用方法如下：

1）施救者立即自行拉开低压电源开关，如拉开电源开关、拔除电源插头等。

2）采用绝缘工具，干燥的木棒、木板、绳索等不导电的东西将电线挑开。

3）抓住触电者干燥而不贴身的衣服，将其拖离触电电源。但要切记施救者在抓拖触电者时不要碰到金属物体和触电者裸露的身躯。

4）施救者戴绝缘手套或用干燥衣物将手包裹起来使手绝缘后再施救触电者。

5）施救者站在绝缘垫上或干木板上将自己对地绝缘后再施救触电者。

6）当低压触电者的手紧握电线和触电电流通过触电者身体入地时，施救者可设法用干燥木板塞到触电者身下，使触电者与地隔离而中断触电，然后用恰当的方法将触电者的手与电线分开；也可用干木把的斧子或有绝缘柄的钳子剪断电线，剪断电线时要分相剪断，一根一根地剪断电线，并尽可能站在绝缘物体或干燥木板上剪断电线。

（9）使触电者脱离高压电源的常用方法如下：

1）立即自行拉开高压电源开关，但事后需立即报告领导。

2）与调度或变电值班员联系，迅速切断电源。

3）采用适合该电压等级的绝缘工具及绝缘手套（如戴绝缘手套，穿绝缘靴，使用绝缘棒）施救触电者，如将电线挑开。

4）将一端已可靠接地的，有足够截面和适当长度的金属软导线抛挂在线路导线上，使线路短路，造成开关跳闸而切断电源。但抛掷短路线时，应注意防止电弧伤人或断线危及人员安全。

（10）从电杆上或高处将触电者解救下来的常用方法：

1）施救者迅速登杆并采取措施使触电者迅速脱离电源。施救者发现杆上有人触电时，应携带必要工具（含绝缘工具）、牢固的绳索等迅速登杆（登高），在采取确保自身安全的措施之后，根据具体情况采用恰当的方法使触电者脱离电源。

2）采取防止触电者坠落的措施。具体方法视现场情况确定。

3）将触电者从高处下放到地面。将触电者脱离电源后，应按图1-1所示的方法将触电者下放至地面。可用吊绳作为下放触电者的绳索。绳索总长约25m，其中1端长度约2m，用来拴触电者；2端约22m，为下放高度的二倍，由施救者把持，慢慢松出绳索将触电人缓慢下放到地面。然后进行救治。

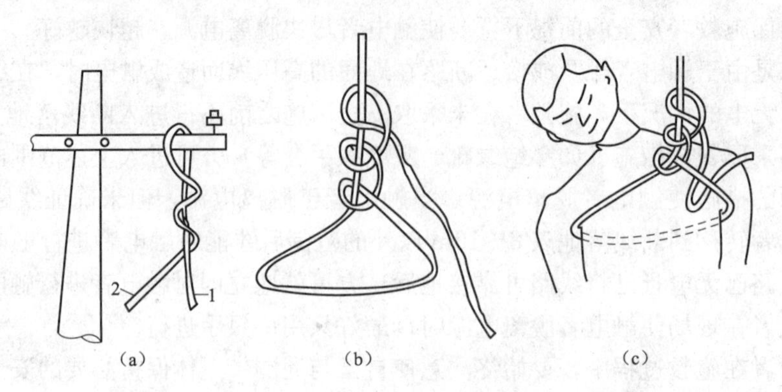

图1-1　将触电者从高处下放至地面的方法

(a) 绳索在电杆上的固定方法；(b) 绳扣的拴法步骤1；(c) 绳扣的拴法步骤2

2. 对症抢救

当将触电者脱离电源，并将其转移到安全场所，置于地面或硬板上，成仰卧位之后，施救者须立即对触电者进行对症抢救。具体步骤如下：

(1) 判断触电者触电后的症状。

1) 判断触电者的意识。施救者用5s时间轻拍触电者双肩，并对双耳呼叫“喂，你怎么啦”，或直呼其名字。如果触电者有反应，表明触电者神志清醒则让触电者继续平躺，暂时不让其站立或走动，并严密观察，根据情况进行对症救治。如果没有反应，表明触电者神志不清，意识丧失，须立即设法拨打“120”急救电话进行呼救并进行下一步的判断。

2) 判断意识不清的触电者的呼吸心跳情况。当触电者意识丧失时，应使触电者畅通气道（见1.1.6心肺复苏法）后，用5～10s时间采用图1-2所示看、听、试的方法判定触电者是否有自主的呼吸和心跳。

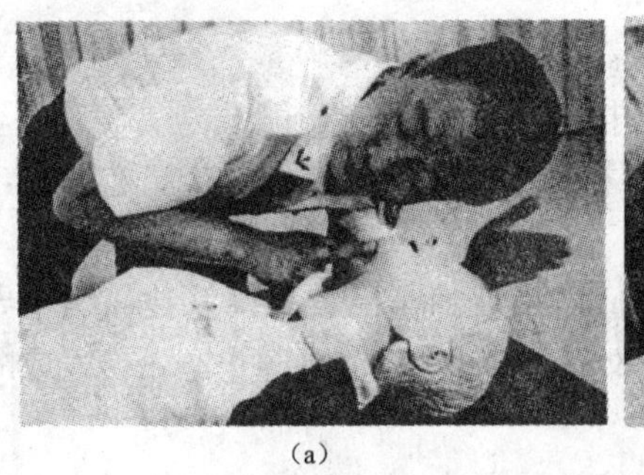

(a)

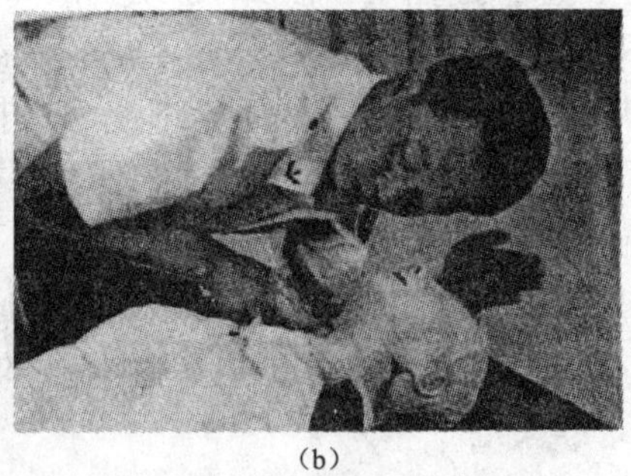

(b)

图1-2　看、听、试方法判定触电者呼吸心跳视图

(a) 判断有无自主呼吸图；(b) 判断有无颈动脉搏动图

a) 看。看触电者的胸部、腹部有无自主的起伏动作。

b) 听。用耳贴近触电者的口鼻处，听有无自主的呼气声音。

c) 试。一是用手指靠近触电者口鼻试测有无自主的呼气气流；二是用两手指轻触触电者颈侧（左或右）喉结旁凹陷处的颈动脉，试测动脉有无自主搏动。

通过看、听、试，即可判定触电者的呼吸和心跳状态，判定触电者状态属于下列四种状态中的哪一种：有呼吸和心跳、有呼吸但无心跳、无呼吸但有心跳、无呼吸和无心跳。

（2）对症抢救。对症抢救就是针对触电者的症状进行相应的抢救。

对症抢救的具体方法如下：

1）对于有呼吸有心跳及神志清醒的触电者，应使其就地躺平，严密观察，暂时不要让触电者站立或走动。在观察过程中，如发现触电者的自主呼吸或心跳很不规则甚至停止时，应迅速设法抢救。

2）对于有自主呼吸而无心跳的触电者，须立即采用胸外（心脏）按压（人工循环）法进行抢救。

3）对于无呼吸而有自主心跳的触电者，须立即采用口对口（或鼻）的人工呼吸法抢救。

4）对于无自主呼吸和心跳的触电者，须立即采取心肺复苏法进行抢救。

因为心肺复苏法既包括人工呼吸法也包括胸外（心脏）按压法，所以在后面只介绍心肺复苏法不另外单独介绍人工呼吸法和胸外（心脏）按压法。

施救者将触电者脱离电源并判断患者已丧失意识及已出现需现场抢救症状情况之后，施救者在进行现场对症抢救的同时，须向四周高声呼救，请协助者拨打“120”急救电话（若无协助者时，则自己先拨打“120”电话，后再进行抢救），启动医疗急救系统。在医务人员未接替救治之前，施救者不应放弃现场抢救，更不能只根据没有呼吸或脉搏而擅自判定患者死亡，放弃抢救。只有医生才有权做出患者死亡的诊断。

1.1.6　心肺复苏法

1. 心肺复苏法概述

这里所称的心肺复苏法是指早期心肺复苏法或徒手心肺复苏法。

早期心肺复苏法是指目击者在现场对心跳呼吸停止的触电者实施心肺复苏，即同时进行口对口人工呼吸和人工胸外心脏按压的救治方法。因为是在现场实施心肺复苏，而在现场通常又缺少专业复苏设备和技术条件，只能徒手用人工方法进行心肺复苏，所以早期心肺复苏法又称为徒手心肺复苏法。

心肺复苏法按年龄段划分，可分为成人心肺复苏法、儿童心肺复苏法、婴儿心肺复苏法三种。

心肺复苏法的操作步骤归纳为三大步骤：保持气道（即呼吸道）通畅；②进行有效的人工呼吸；③进行有效的人工循环（即有效的胸外心脏按压）。

进行心肺复苏的操作分为单人操作和双人操作两种。

2. 心肺复苏法操作步骤与方法

下面是单人操作的成人心肺复苏法的操作步骤与方法：

（1）摆放体位。将触电者置于地面或硬板上，处于仰卧位。施救者靠近患者跪地，双膝与肩同宽，如图 1-3 所示。

（2）清除口腔异物。观察触电者口腔。若触电者口腔内有义齿（俗称假牙）、呕吐物、血液等异物，则应清除异物，如图 1-4 所示；若口腔内无异物则免此步骤。

（3）畅通气道。气道即呼吸道。可采用仰头举颏法或托颌法来使触电者畅通气道。但需注意，在畅通气道时，不要盲目摆动触电者头颈部。颏即是人的面部下巴。颌即是构成口腔

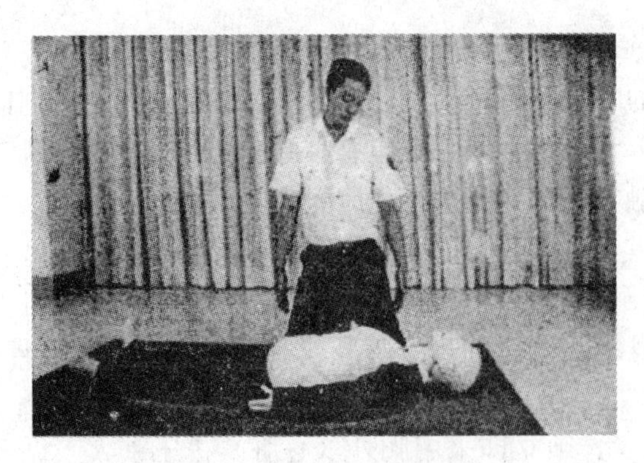

图 1-3　触电者体位摆放图

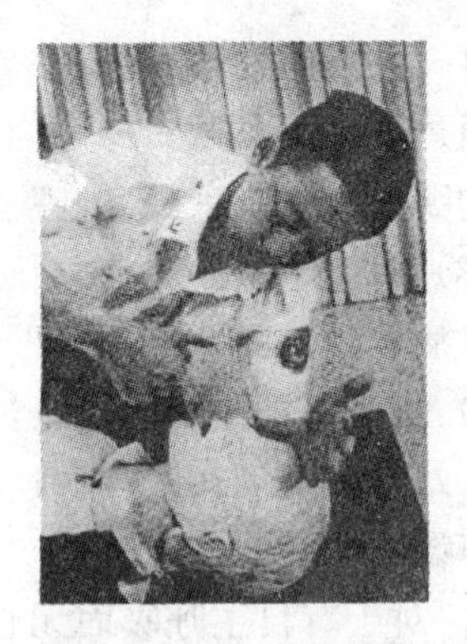

图 1-4　清除口腔异物图

上部和下部的骨头和肌肉组织，上部骨头称为上颌骨、下部骨头称为下颌骨。

现场畅通气道的仰头举颏法：触电者处于仰卧位，施救者跪地于患者一侧，将一只手的小鱼肌放在触电者前额用力使头部后仰，同时另一只手的手指顶着或抓着下颏（即下巴）向上抬，使下颏骨、耳垂的连线与地面成垂直状，如图 1-5 所示。

说明：通常在使触电者脱离电源判定触电者意识症状阶段已完成上述步骤（1）、（2）、（3）。

（4）进行口对口（鼻）人工呼吸 2 次。施救者用按压前额的手的食指和拇指捏住触电者鼻翼，将口罩着触电者的口，连续吹气两次，每次吹气时间 1～1.5s，两次吹气间隔时间大约 5～6s（注：人工呼吸的频率为 10～12 次/min），如图 1-6 所示。在停止吹气的间隔时间内，要放开被捏的鼻翼，施救者的口离开触电者的口。施救者吹气之前不需深吸气，按平静的呼吸进行吹气即可。当吹气有效时，可见触电者的胸廓有起伏。

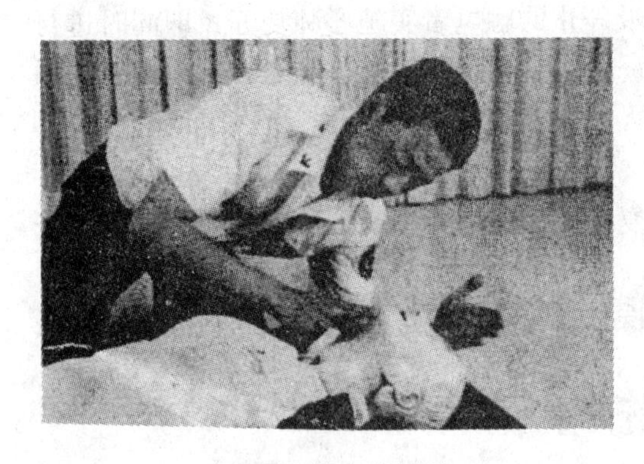

图 1-5　仰头举颏图

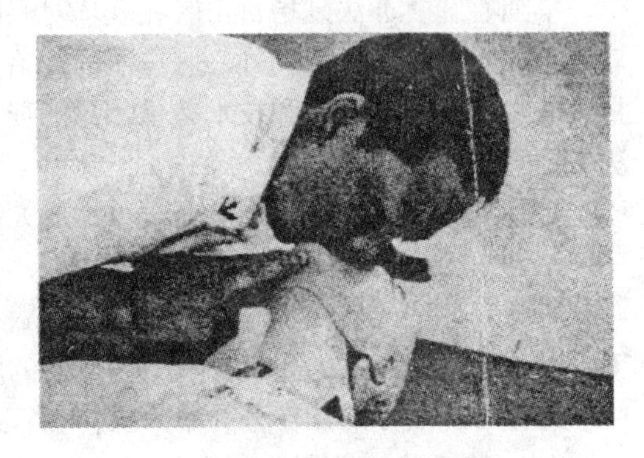

图 1-6　口对口人工呼吸图

（5）再判断有无颈动脉搏动。进行上述两次吹气之后，施救者停止人工吹气，用食指和中指先找到触电者喉结，两手指沿喉结旁下滑约 2～3cm，轻轻按压该处动脉，测试有无颈动脉自主搏动，同时用眼观察触电者有无自主呼吸、咳嗽及身体活动等症象。这个测试要在 5～10s 内完成。然后，根据这次的测试判定结果采取相应抢救措施。

如果施救者在 10s 内没有测试到触电者有明确的颈动脉搏动，不要浪费时间来反复确认，应立即进行步骤（6）。

(6) 胸外心脏按压—人工呼吸。由单人实施的心肺复苏抢救包括按人工呼吸—胸外心脏按压—人工呼吸—胸外心脏按压等顺序进行救治的重复过程。在这个心肺复苏抢救过程中应掌握以下几个要点：按压部位、按压手法、按压深度、按压频率、按压次数和人工呼吸次数的比例。

1) 按压部位。正确的按压心脏部位如图1-7所示。确定正确的按压心脏部位的步骤如下：

a) 施救者的右手的食指和中指沿触电者的右肋弓下缘向上摸，找到肋和胸骨接合处的中点；

b) 施救者将中指、食指两手指并齐，中指放在切脐中点（剑突底部），食指平放在胸骨下部；

c) 另一只手（即左手）的掌根紧挨食指上缘置于胸骨上，其掌根的触胸处即为正确的按压部位。

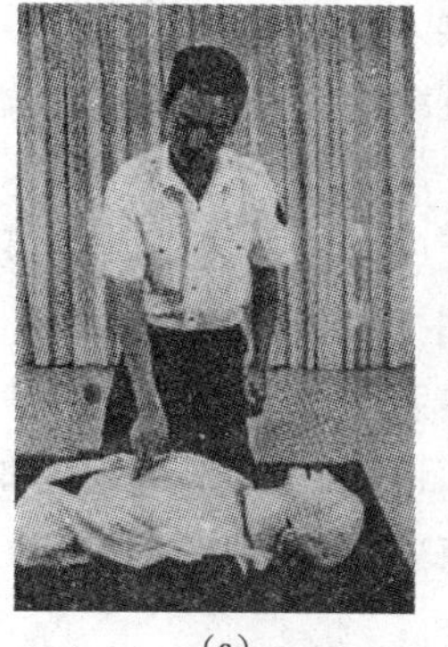
(a)

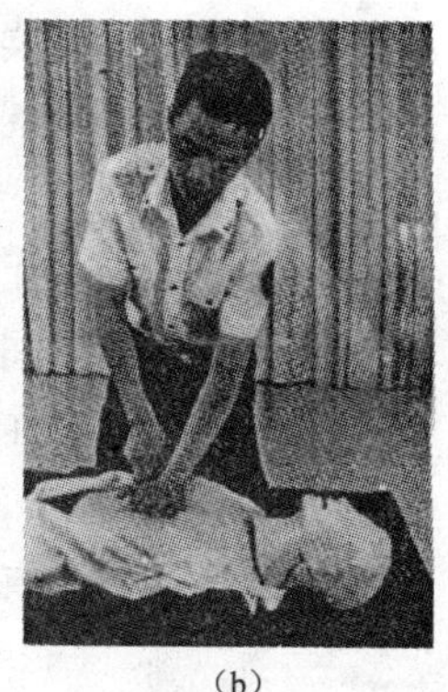
(b)

图1-7 正确的按压部位图
(a) 按压部位步骤1；(b) 按压部位步骤2

2) 按压手法。触电者处于仰卧位，平躺于坚实地面或木板上。正确的按压手法如图1-8所示。施救者双膝跪在触电者身边，一只手（如左手）的掌根置于正确的按压部位上，其手指要尽量上翘，另一只手（右手）的手掌叠放在前一只手（左手）上面，双手手指紧扣，然后进行按压。按压时，施救者的双侧肘关节伸直，身体垂直下压，用自身体重作为下压力。这样按压，能最大限度地节省体力，以免过早精疲力尽。

3) 按压深度。正确的按压深度见图1-9。施救者按压时，触电者的胸骨应被压陷4～5cm（瘦弱者酌减）。当按压至要求深度之后，需立即全部放松，但放松时施救者的掌根不得离开胸壁，如图1-9所示。

4) 胸外心脏按压频率和吹气频率。胸外心脏按压频率为100次/min，按压和放松的时间比一般为1∶1。吹气频率为10～12次/min，吹气时间1s以上（1～1.5s），两次吹气之间的间隔时间为5～6s。

5) 胸外心脏按压与人工呼吸次数比例。在一个心肺复苏操作的循环周期中，单人操作

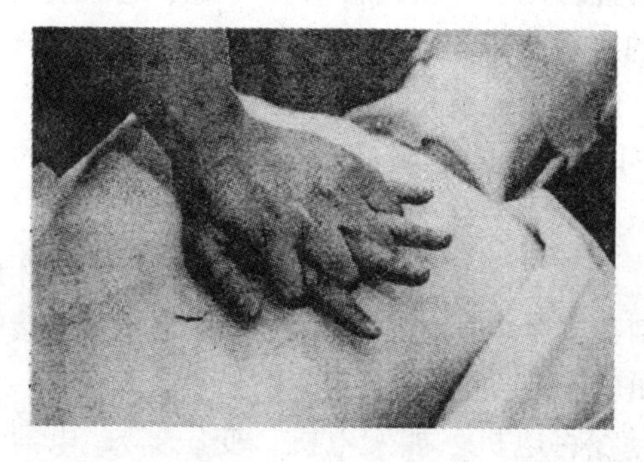

图1-8 按压手法图

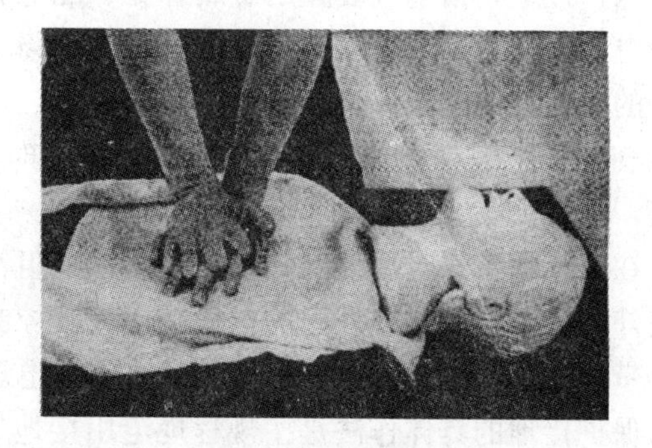

图1-9 按压深度图

的按压与人工呼吸的次数比例为 30∶2，即按压 30 次后接着吹气两次。

有效按压的标志是按压过程中可触及触电者颈动脉搏动；有效吹气的标志是可看见触电者胸部起伏的呼吸动作。

（7）复检。在 2min 内完成 5 个 30∶2 按压、吹气循环操作后，在 5～10s 时间内用图 1-2 所示看、听、试的方法再次判定触电者有无呼吸、脉搏。

若有呼吸和脉搏，可停止心肺复苏，观察触电者病情；若颈动脉有搏动但无呼吸，暂停胸外心脏按压，继续人工呼吸；若无脉搏有呼吸，则暂停人工呼吸而继续胸外心脏按压；若无呼吸和脉搏，则继续心肺复苏操作抢救。以上复检每隔 2min 进行一次，应在 5～10s 内完成一次复检。

除非抢救成功而中止抢救之外，在医务人员未接替抢救之前，施救人员不得放弃现场抢救。现场抢救的时间一般持续半小时，超过半小时后，触电者被救活的可能性就很小了，但不是不可能，因为在我国触电抢救史中曾有过经过 1 个半小时心肺复苏抢救成功的实例（发生于 1981 年 5 月 2 日）和经过 6 个多小时人工呼吸将触电休克者救活的实例。

心肺复苏是否有效的判别指标见表 1-3。

表 1-3　　心肺复苏有效性判别指标

判断方法	有　效	无　效
面　色	转为红润	转为灰白或紫绀
自主呼吸	恢　复	无
颈动脉搏动	恢　复	无
意识与循环征象	可出现眼球转动，睫毛活动或手脚的轻微活动	无任何自主活动
瞳　孔	由大变小	无变化或由小变大

1.1.7　防止触电的基本措施

在防止触电方面主要采用以下三种基本措施：在电气设备上或电路中安装防触电设施，在电气设备上作业时采取防触电措施，加强防触电的宣传教育措施。

1. 在电气设备上或电路中安装的防触电设施

（1）保护接地。为预防与带电设备金属外壳等接触时发生触电事故，最可靠和最有效的措施就是采用保护接地。

保护接地是指电气装置的金属外壳、配电装置的构架和线路杆塔等，由于绝缘损坏有可能带电，为防止其危及人身和设备的安全而设的接地。以上是 DL/T 621—1997《交流电气装置的接地》的关于保护接地的定义。换言之，保护接地就是为了保护人体和设备的安全而将电气设备在正常情况下不带电但绝缘损坏时可能带电的金属部分与接地体做良好的金属连接。

在电气设备的金属外壳等安装了接地电阻符合要求的保护接地之后，一旦绝缘损坏而使金属外壳带电时，金属外壳的对地电压就被控制在安全电压值以下。若此时恰好有人接触到这种带电的金属外壳，因为接触到的是安全电压就不会发生人身触电事故。

保护接地的具体作法是按规程规定用接地导线将电机（如发电机、变压器）、电器、配电板等的金属底座和外壳、架空线路金属性杆塔、电缆的接线盒和电缆的金属外皮等与接地体连接起来，如图 1-10 所示。

(2) 保护接中性线。将配电变压器的中性点与接地体相连接后，由该中性点引出的导体称为中性线（也称为零线)。为了安全运行，一般应将中性线重复接地。将中性线上的一点或多点与地再作金属的连接，称为重复接地。将低压用电设备的金属外壳与中性线连接起来称为保护接中性线（也称为接零)，如图 1-11 所示。

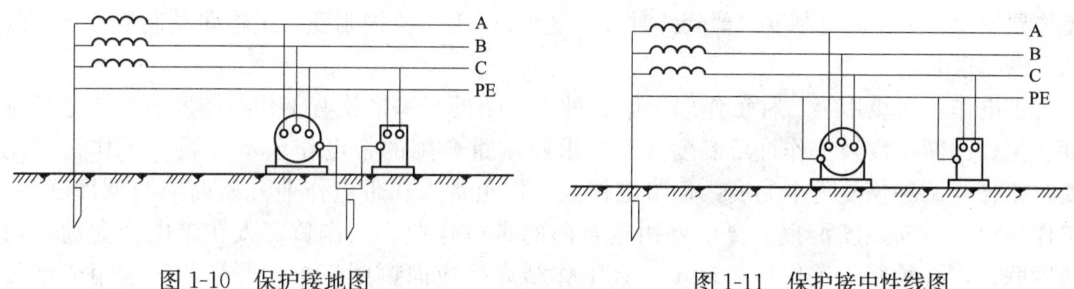

图 1-10 保护接地图　　图 1-11 保护接中性线图

采用保护接中性线措施的目的是当电气设备发生碰壳时，变成单相短路故障，在短时间内使熔断器熔丝熔断或使线路保护装置动作，断开故障线路的电流，使用电设备金属外壳上不带电从而避免触电事故。

特别警示：不允许在同一个低压配电网中同时采用保护接地和保护接中性线。因为当保护接地的电气设备单相接地时，将使保护接中性线的电气设备的金属外壳带上危险的电压。

(3) 安装漏电保护器。国内外的经验证明，在低压电网中安装漏电保护器是防止人身触电伤亡、电气火灾及电器损坏的有效防护措施。

漏电保护器分为电压型和电流型两种漏电保护器。现在大多数采用电流型漏电保护器，例如剩余电流动作保护器。

漏电保护可设有三级保护：总保护（又称一级保护)，装设在配电网的电源处；中级保护（二级保护)，装设在配电网电源的大分支处；末级保护（三级保护)，装设在终端用户配电箱处。末级保护是必需的，而中级和总保护则根据需要和配电网的具体情况来确定。

(4) 同时安装漏电保护器和保护接中性线。这是广泛应用于终端用户的防触电措施。

2. 在电气设备上作业时采取的防触电措施

DL 408—1991《电业安全工作规程（发电厂和变电所电气部分)》、DL 409—1991《电力安全工作规程（电力线路部分)》,《云南电网公司配电网电气安全工作规程（2011 年版)》等介绍了防止在电气设备上作业时发生触电事故的措施。按是否填用工作票来分类，这些措施分为两种：

(1) 不需填用工作票的作业的防触电措施。在下列线路运行和维护工作中不需填用工作票只按口头或电话命令开展工作：线路事故巡视、故障抢修、紧急处理、线路测温和杆塔接地电阻测量工作、修剪树枝、检查杆根地锚、打绑桩、杆塔基础上的工作、安装标示牌、补装塔材、工作位置在最下层导线水平面以下工作中与带电体有足够安全距离的工作等。

在进行上述工作时必须遵守《电业安全工作规程》（简称《安规》）中相应的安全规定。

另外，事故紧急处理不填工作票，但应履行许可手续，做好安全措施。

(2) 需填用工作票才能工作的防触电措施。在从事填用工作票的工作时必须遵守以下保证安全的组织措施和技术措施：

1) 保证安全的组织措施。停电作业需填用第一种工作票。第一种工作票的组织措施有工作票制度、工作许可制度（严禁约时停、送电）、工作监护制度、工作间断制度、工作终结和恢复送电制度。

带电作业需填用第二种工作票。第二种工作票的组织措施有工作票制度、工作监护制度、工作间断制度及工作许可制度（不要求停用重合闸的带电作业不需履行工作许可制度、工作终结和恢复送电制度，但带电作业工作负责人在带电作业开始前应与调度联系，工作结束后应向调度汇报。要求停用重合闸的带电作业，工作负责人在带电作业前应与调度联系，必须履行工作许可制度，且工作结束后应向调度汇报，严禁约时停用或恢复重合闸）。

2) 停电作业防触电的技术措施。停电作业时防触电的技术措施是停电、验电、挂接地线（包括工作结束后的拆除接地线），具体做法详见《安规》要求。

3) 带电作业的防触电技术措施。为防止带电作业时发生触电事故，在采取技术措施时要考虑以下主要因素：天气、作业监护、屏蔽服或绝缘服的完好性与正确穿戴、绝缘工具最小有效绝缘长度、允许荷载及试验合格期、最小安全空气间隙长度、水冲洗作业时的水柱长度和水阻率、导地线的最小规格和完好性、断接引线截面、分流导线截面、良好绝缘子最少片数等。具体要求详见《安规》和导则的相关规定。

3. 开展安全宣传教育，查找并消除安全隐患的防触电措施

(1) 将防触电、安全用电与贯彻《电力设施保护条例》结合起来进行宣传。

(2) 采用多种形式，如广播、电视、报纸、展览、安全月活动等进行全方位的宣传，使安全思想深入人心。

(3) 查找并消除安全隐患，装设安全标示牌，例如检查保护接地，电气设备围墙、护栏，带电体对地高度，在易发生触电的地方所装设的安全标示牌，清除违反电气安全的建筑与施工等。

1.2 创伤与急救

1.2.1 创伤

创伤是伴有体表组织破裂的一种损伤，如割伤、刺伤、火器伤等。严重创伤可引起休克，并常伴有内部损伤。

损伤是身体某部位受到外力作用而使组织器官的结构遭受破坏或其功能发生障碍。严重损伤常伴有局部和全身症状，但由于身体各部在解剖和生理上的差异，损伤的表现也随部位的不同而不同。机械性损伤一般分为开放性和闭合性两大类型。前者有体表的破裂，即创伤。后者俗称为内伤，轻者仅为软组织受挫，严重的可有骨折、内出血，以及内脏的破裂和有腔器官的穿孔等。

1.2.2　创伤急救

1. 创伤急救的基本要求

(1) 创伤急救的原则是先抢救、后固定、再搬运，并注意采取措施，防止伤情加重或污染。先抢救是指先采取包括心肺复苏、止血、包扎等技术对伤员进行救治。需要送医院救治的，应立即做好保护伤员措施后送医院救治。

(2) 抢救前要对伤员进行基本检查。抢救前先使伤员安静躺平，判断全身情况和受伤程度，如判断有无出血、骨折和休克等。

(3) 外观出血时应立即采取止血措施，防止失血过多而休克。外观无伤，但呈休克状态，神志不清或昏迷者，要考虑胸腹部内脏或脑部受伤的可能性。

(4) 为防止伤口感染，应用清洁布片覆盖伤口。施救人员不得用手直接接触伤口，更不得在伤口内填塞任何东西或随便用药。

(5) 搬运时应使伤员平躺在担架上，腰部束在担架上，防止跌下。平地搬运时伤员头部在后。上楼、下楼、下坡搬运时头部在上。搬运中应严密观察伤员，防止伤情突变。搬运担架如图 1-12 所示。

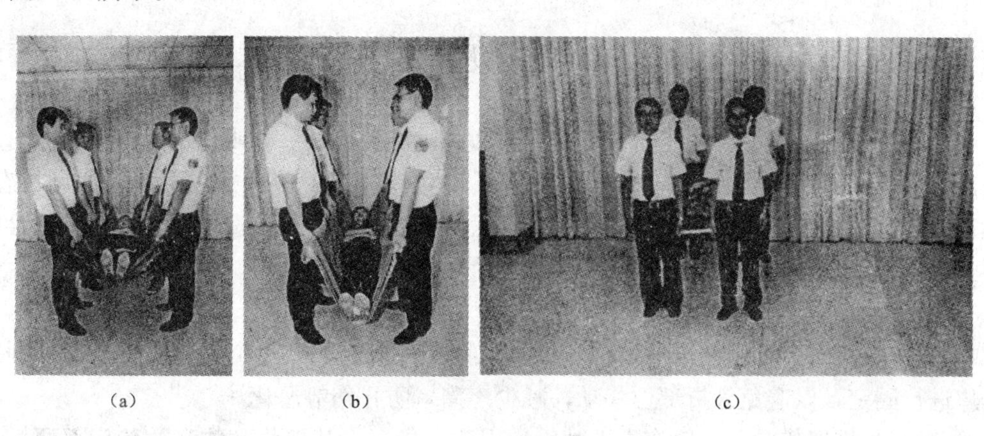

(a)　(b)　(c)

图 1-12　搬运担架

(a) 制式软担架搬运图；(b) 毛毯替代软担架搬运图；(c) 硬担架搬运图

2. 止血

(1) 伤口渗血时，用比伤口稍大的消毒纱布数层覆盖伤口，然后进行包扎。若包扎后仍有较多渗血，可再加绷带适当加压止血。因止血带操作不慎会导致肢体坏死，故只有在万不得已情况下方可用止血带止血。

(2) 当伤口出血呈喷射状或鲜红血液涌出时，立即用清洁手指压迫出血点上方（近心端)，使血流中断，并将出血肢部抬高或举高，以减少出血量。

(3) 用止血带或弹性较好的布带等止血时，应用柔软布片或伤员的衣袖等折叠数层垫在止血带的下面，再扎紧止血带，以刚使肢端动脉搏动消失为度，如图 1-13 所示。

注意：可将上臂分为三段，靠肩部的一段称为上 1/3 处，中间的一段称为中 1/3 处，靠肘部的一段称为下 1/3 处。对于大腿也作同样的划分和称谓，靠胯部的一段称为上 1/3 处。使用止血带，不能在上臂和大腿的中下 1/3 处使用止血带，以免损伤神经。在前臂和小腿上一般不使用止血带。上肢的止血带每 60min 放松一次，下肢的止血带每 80min 放松一次，每次放松 1～2min。开始扎紧与每次放松的时间均应书面标明在止血带旁。总的扎紧时间不

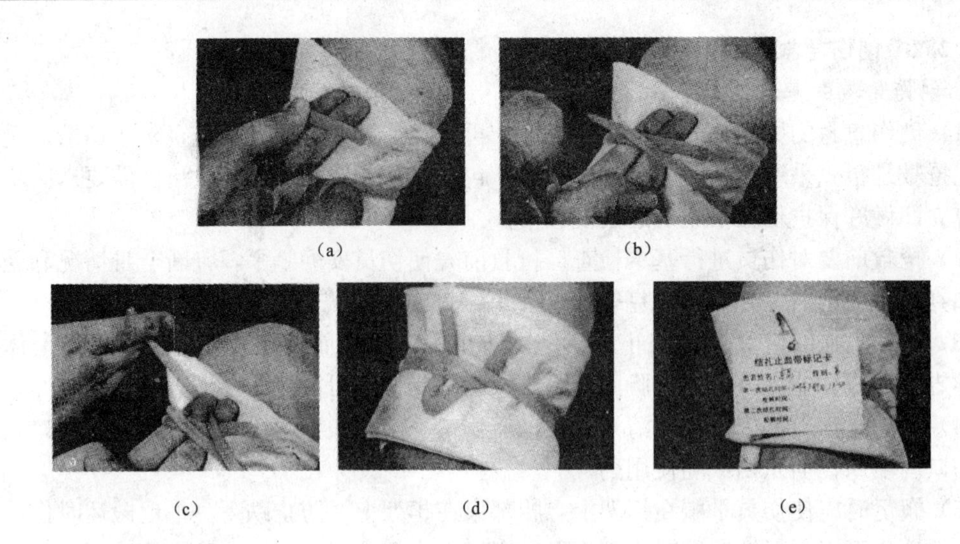

图 1-13　止血带止血法

(a) 步骤 1；(b) 步骤 2；(c) 步骤 3；(d) 步骤 4；(e) 步骤 5

宜超过 3h。若放松时观察已无大出血可暂停使用止血带。严禁用电线、铁丝、细绳等作止血带使用。

(4) 高处坠落、撞击、挤压时，可能有胸腹内脏破裂出血。外观伤员无出血，但出现面色苍白、脉搏细弱、气促、冷汗淋漓、四肢厥冷、烦躁不安，甚至神志不清等休克状态时，应迅速使其躺平，抬高下肢，保持温暖，速送医院救治。若送医院途中时间较长，可给伤员饮用少量糖盐水。

3. 骨折急救

1) 肢体骨折时，可用夹板或木棍、竹竿等将断骨上、下方两个关节固定；也可利用伤员身体进行固定，以避免骨折部位移动，减少疼痛，防止伤势恶化。

2) 疑有颈椎损伤时，在使伤员平卧后，用沙土袋（或其他代替物）放置头部两侧，使颈部固定不动。必须进行口对口呼吸时，只能用抬颏法使气道通畅，不能再将头部后仰移动或转动，以免引起截瘫或死亡。

3) 腰椎骨折时，应将伤员平卧在硬木板上，并将腰椎躯干及两侧下肢一同进行固定，预防瘫痪；搬动时应数人合作，保持平稳，不能扭曲。

4. 颅脑外伤的急救

1) 应使伤员采取平卧位，保持气道通畅。若有呕吐，应扶好头部和身体，使头部和身体同时侧转，防止呕吐物造成窒息。

2) 耳鼻有液体流出时，不要用棉花堵塞，只可轻轻拭去，以利于颅内压力的降低；另外，也不可用擤鼻方法排除鼻内液体，或将液体再吸入鼻内。

3) 颅脑外伤时，病情可能复杂多变，禁止给予饮食，速送医院诊治。

5. 烧伤急救

(1) 电灼伤、火焰烧伤或高温气、水烫伤时，均应保持伤口清洁。伤员的衣服鞋袜用剪刀剪开后除去。伤口全部用清洁布片覆盖，防止污染。四肢烧伤时，先用清洁冷水冲洗，然后用清洁布片或消毒纱布覆盖并送医院。

（2）强酸或强碱灼伤时，应立即用大量清水彻底冲洗，迅速将被浸蚀的衣物剪去。为防止酸、碱残留在伤口内，冲洗时间一般不少于10min。

（3）未经医务人员同意，不宜在灼伤部位敷搽任何东西和药物。

（4）送医院途中，可给伤员多次少量口服糖盐水。

6. 冻伤急救

（1）冻伤使肌肉僵直，严重者深及骨骼，在救护搬运冻伤者过程中动作要轻柔，不要强使肢体弯曲活动，以免加重损伤。应使用担架将伤员平卧，并抬至温暖室内救治。

（2）将冻伤员身上潮湿的衣服剪去后，用干燥柔软的衣物覆盖伤员，不得烤火或搓雪。

（3）全身冻伤者呼吸和心跳有时十分微弱，不应误认为死亡，应努力抢救。

7. 动物咬伤急救

（1）毒蛇咬伤急救。被毒蛇咬伤后，不要惊慌、奔跑、饮酒，以免加速蛇毒在人体内扩散。咬伤处大多在四肢，应迅速从伤口上端（近心端）向下方反复挤出毒液，然后在伤口上方（近心端）用布带扎紧，将伤肢固定，避免活动，以减少毒液的吸收。有蛇药时可先服用，再送医院救治。

（2）犬咬伤急救。犬咬伤后应立即用浓肥皂水冲洗伤口，同时用挤压法自上（近心端）而下将残留伤口内唾液挤出，然后用碘酒涂搽伤口。有少量出血时，不要急于止血，也不要包扎或缝合伤口。要尽量设法查明该犬是否为“疯狗”，这对医院制定治疗计划将有较大帮助。

8. 溺水急救

（1）发现有人溺水时应设法迅速将其从水中救出，呼吸心跳停止者用心肺复苏法坚持抢救。曾接受过水中抢救训练的施救者在水中即可开始抢救。

（2）口对口人工呼吸时，若因异物阻塞而又无法用手指除去异物时，可用两手相叠，置于脐部稍上正中线上（远离剑突）迅速向上猛压数次，使异物退出，但也不可用力太大。

（3）溺水死亡的主要原因是窒息缺氧。由于淡水在人体内能很快循环吸收，而气管能容纳的水很少，因此在抢救溺水者时不应“倒水”而延误抢救时间，更不应仅“倒水”而不用心肺复苏法进行抢救。

9. 高温中暑急救

（1）烈日直射头部、环境温度过高、饮水过少或出汗过多等都可以引起中暑，其症状一般为恶心、呕吐、胸闷、眩晕、嗜睡、虚脱，严重时抽搐、惊厥，甚至昏迷。

（2）应立即将病员从高温或日晒环境转移到阴凉通风处休息。用冷水擦浴，湿毛巾覆盖身体，电扇吹风，或在头部置冰袋等方法降温，并及时给病人口服盐水。严重者送医院治疗。

10. 有害气体中毒急救

（1）气体中毒，开始时有流泪、眼痛、呛咳、咽部干燥等症状，应引起警惕；稍重时，头痛、气促、胸闷、眩晕；严重时，会引起惊厥昏迷。

（2）怀疑可能存在有害气体时，应立即将人员撤离现场，转移到通风良好处休息。抢救人员进入危险区必须戴防毒面具。

（3）已昏迷病员应保持气道通畅，有条件时给予氧气吸入。呼吸心跳停止者，按心肺复苏法抢救，并联系医院救治。

(4) 迅速查明有害气体的名称，供医院及早对症治疗。

11. 野象袭击急救

云南的西双版纳地区常有野象出没，近年来野象袭人的事件时有发生。在野外工作时要尽量避开野象活动区域。

人被野象袭伤后将造成严重外伤（包括骨折、内脏出血、昏迷等），甚至死亡。

对伤者的救治原则首先是及时使伤者离开野象袭击范围，然后按照外伤救治原则（止血、包扎、固定、搬运）处理伤者。对呼吸、心跳消失者立即进行现场心肺复苏。需送医院救治的立即做好保护措施后送往医院。

12. 熊袭击急救

云南有三种熊：迪庆藏族自治州的棕熊、云南南部金平一带的马来熊、云南大部分山区里的黑熊。

熊一般不会主动袭人，但当人袭熊未遂或遭遇曾受人袭击过或遭遇带仔或处于繁殖交配期的熊时，熊可能主动袭人。熊爪很锋利，袭人时多用掌爪进行抓扑，力量很大，熊能给被袭者造成多种外伤，包括头皮撕脱、骨折、挤压伤等。

对伤者的救治原则首先是及时使伤者离开熊的袭击范围，然后按照外伤处理原则（止血、包扎、固定、搬运）进行救治。呼吸、心跳停止者立即进行现场心肺复苏，需送医院救治的立即做好保护措施后送医院。

LE2 电力应用文写作

2.1 缺陷记录的写法

2.1.1 缺陷记录方法

记录是作记录人用文字、符号、图形、影像、录音等形式将所看到、听到、接触到的及所做的事情记载保存起来。

在作电力线路缺陷记录时，一般采用文字记载的记录形式，但有时为了进一步说明问题，也会同时采用其他的记录形式，例如制图、拍照、录像、录音等。

电力线路的缺陷记录形式，通常有两种：一是填写线路巡视记录表的形式；二是编写记叙文的记录形式，将缺陷的具体情况用文字记述下来。线路巡视记录表是针对线路的巡视检查内容，事先按统一设计格式印制而成的空表。记叙文是叙事、记人、写景、状物一类的文章或文字。

2.1.2 线路巡视记录表格式

云南电网公司线路巡视记录表的格式见表2-1。

表2-1　云南电网公司线路巡视记录表格式

线路巡视记录表

（类别：　　　）

线路名称：　　　　巡视日期　　年　　月　　日　天气：

杆　号	杆　型	检查内容							
		杆塔本体	绝缘部分	基础	接地装置	导地线	附件及其他	防护区及通道	交叉跨越
发现问题									
处理意见									

单位：　　　　班组：　　　　巡线员：

填写说明：巡视中按照表格所列检查内容进行检查。检查完毕后若无异常，在内容栏内打“√”，有异常则打“△”，并认真填写发现的问题和处理意见。

另外，线路巡视类别的选项有定期、故障，登杆、特殊、夜间、监察等巡视，填写时根据情况选其一。

2.1.3 缺陷记录内容

缺陷记录应包括以下基本内容：

（1）线路名称、发现缺陷日期、天气、缺陷发现人；

（2）杆塔号；

(3) 杆塔型式以及缺陷在杆塔上的方位(一般用左右、上中下、前后、送受电侧等表示);

(4) 存在缺陷的部件名称(一般用线路主体、附属设施、外部环境等三大部件及其子部件表示)。线路主体的子部件包括杆塔、拉线、导地线、基础、绝缘子、金具、接地装置等及其部件。附属设施的子部件包括标志牌、相位牌、警示牌、技术监测或有特殊用途的装置,如配电变压器、开关、避雷器、避雷针、防鸟装置、通信光缆和防冲撞、防拆卸、防洪水、防舞动、防覆冰、防风偏、防攀爬等装置;外部环境的子部件包括通道、保护区及周边的树木、建(构)筑物、施工机械、采石场、靶场、周边的污秽源等;

(5) 缺陷名称(一般用闪络、污秽、断股、破裂、腐蚀、锈蚀、歪斜、对地距离不够、风偏距离不够、安全距离不够、空气间隙不够、接头发热、接地电阻不合格、杆塔构件被盗、缺少某种装置或安装不正确等名称表示);

(6) 缺陷类别(用一般、重大、紧急缺陷表示)。

举例:某10kV线路N21号耐张杆受电侧左耐张串绝缘子闪络。该缺陷类别为重大缺陷。

2.2 隐患通知书的写法

隐患通知书又称影响线路安全运行整改通知书。隐患通知书的格式及基本内容如下:

(1) 标题:隐患通知书;

(2) 隐患通知书的编号;

(3) 隐患通知书的主送单位;

(4) 隐患通知书的正文;

(5) 附件(非必须内容);

(6) 抄报、抄送单位(非必须内容);

(7) 发函单位名称、发函日期、公章(公章盖在发函日期上)。

其中,正文的内容与写法如下:

(1) 制发隐患通知书的缘由。陈述受通知书单位在某线路某地点所进行的行为和行为状况,指出这些行为和状况对电力设施(线路)的安全运行将构成危害,其后果将很严重。

(2) 明确电力设施受国家法律、法规保护及其法律依据。摘引有关法律、法规的名称、条文内容,用以说明受通知书单位的行为是违法违规的。

(3) 通知事项。明确通知受通知书单位应中止、纠正的行为以及整改的事项。

2.3 计划的写法

计划按形式的不同,可划分为表格式计划、条文式计划、综合式计划(即表格式和条文式并用)三种。在班组事务管理中常用表格式计划。

2.3.1 表格式计划的写法

表格式计划一般由标题、表格、文字说明、落款四部分组成。

(1) 标题。标题有两种写法,即完全性标题和不完全性标题。

1) 完全性标题由单位名称+计划的时限+内容+文种(即计划)组成。在内容的前面常加介词“关于”，但也可不加。例如，某供电企业配电管理所运行班 2010 年关于购置仪器仪表的计划。

2）不完全性标题，有三种写法：

a）由内容＋文种组成，例如，购置仪器仪表的计划；

b）由单位名称＋文种组成，例如，某供电企业配电管理所运行班计划；

c）只由文种组成，例如，计划。

（2）表格。表格是表格式计划的主体。表格的栏目根据计划的执行需要而设置，没有固定不变的栏目名称。一般设置序号、项目名称、执行部门（人）、完成时间、保证措施及备注等表格项目名称。在个栏目名称下方的空白格子中写入计划内容，它便是表格计划的主体部分。

（3）文字说明。文字说明包括表格中的备注栏和表格末尾下方的注或说明。说明的内容一般是制订计划的依据、实施办法和其他具体要求等事宜。

（4）落款。落款包括单位名称（若标题中已写名称，则可不写名称）、日期和印章（班组无印章）

2.3.2 仪器仪表的购置计划与维护计划

应根据仪器仪表生产技术的进步，检测项目、技术的要求，使用量等因素决定新型仪器仪表和常规仪器仪表的购置计划。应根据仪器仪表经过一段时间的使用后精度的变化情况、完好程度、规程规定的检测周期来安排保养、检验和检修计划。采用何种计划形式，应根据具体情况而定，但一般应采用表格式计划。

2.3.3 备品备件的配备、补充、轮换计划

应按事故备品定额，电力工业生产设备备品管理办法以及备品的规定保存年限等规定，制定检查、试验、轮换备品备件的计划。制定该计划的目的在于储备足够的满足事故抢修需求的备品种类、数量和使备品处于完好的“备用”状态。一般应采用表格式计划。

2.4 总结的写法与示例

2.4.1 总结的写法

总结是一种应用文文种。总结的含义与目的是对前一段时间里的活动情况进行回顾、检查、分析、评价，从而找出经验教训和规律性认识，以指导今后实践的一种事务文书。总结由标题、正文、落款三部分组成。

（1）标题。最常用的标题形式是文件式标题。一个完整的文件式标题由单位名称、时限、内容、文种构成。例如某供电企业配电管理所 2009 年配电线路运行工作总结。也可采用不完整的文件式标题，例如 2009 年配电线路运行工作总结或配电线路运行工作总结。

（2）正文。总结的正文由前言、主体、结尾三部分构成。

1）正文的前言。前言的写法，要开门见山，用简要的语言，交代所要总结的问题的工作背景、条件、时间和对工作的成效提出简明的结论性评价。最后，用“现将工作情况总结如下”之类的惯用语过渡到正文主体部分。

2）正文的主体。主体部分是总结的重点，一般要写三方面的内容：①过程与做法。要具体写出做了哪些工作，采取了哪些措施、方法，如何实施这些措施和方法。②成绩与经验。要具体写出在做了上述工作后，取得了哪些成绩，获得哪些经验，成绩与经验体现在哪些方面。对于成绩一般用数据分析，用前后数据对比的方法来说明。对于经验，要上升到理论平面上进行分析、概括，说明其因果关系。③缺点与教训。在总结出成绩与经验的同时，还要总结出存在哪些问题和缺点与教训，具体体现在哪些方面，有哪些危害性；同样也要用数据等来说明存在问题。

说明：如果该总结是着重反映存在问题的总结，那么可略写甚至不写成绩与经验，而重点写缺点与教训。

3）正文的结尾。正文的结尾的写法要根据总结的具体情况而定，但一般是采用“存在问题和今后的打算”的类似写法。

(3) 落款。落款即署名（单位名称、个人名字）与成文日期。有时将落款再分为署名和成文日期。

署名是在正文的右下方写上写总结的单位（盖公章）或个人名称（此行称为署名行），成文日期写在署名的下方。如果在标题中已有单位名称，则此处不必署名。

2.4.2　示例

1. 配电线路生产运行专业总结大纲

现摘录中国南方电网公司 Q/CSG 210124—2009《中低压配电运行管理标准》附录 G“配电生产运行专业总结大纲”，作为总结的正文写法的一个示例。

配电生产运行专业总结大纲

(1) 配电网运行概况

1）截至________年________月________日配电线路、设备、设施规模

2）配电网架结构情况

(2) 年度生产计划完成情况

(3) 运行管理主要工作及成绩

1）配电生产运行指标完成情况

2）安全生产目标完成情况

3）配电线路、设备及设施巡视、检测情况

4）缺陷管理

发现缺陷及处理情况统计

重大、紧急缺陷情况报告

典型缺陷分析

5）设备评级（即状态评价）

6）防外力破坏工作

7）反事故措施落实情况

(4) 故障情况分析及典型故障

1）中压线路及主要设备故障情况

2）故障原因分析

3）典型故障案例分析

4）降低中压线路及设备故障率的措施

（5）技术管理

1）预防性试验

2）防雷

雷击跳闸情况

雷击跳闸分析及对策

3）负荷

重负荷线路及设备情况

重负荷线路及设备分析及对策

4）其他

（6）新技术应用情况

1）配电自动化应用情况及效果

配网自动化建设情况

配网自动化运行情况

运行效果及问题分析

2）其他新技术应用情况及效果

（7）新设备投运概况

（8）存在的主要问题

（9）下年重点工作思路及建议

（10）附录表格

1）配电线路、设备及设施情况汇总表（参见 Q/SCG 210124—2009《中低压配电运行管理标准》附录 B）

2）缺陷及处理情况统计分析表（参见 Q/SCG 210124—2009《中低压配电运行管理标准》附录 D）

3）故障情况统计表（参见 Q/SCG 210124—2009《中低压配电运行管理标准》附录 E）

4）配电生产运行指标报表（参见 Q/SCG 210124—2009《中低压配电运行管理标准》附录 F）

2. 配电线路专项技术工作总结的写法

配电线路的专项技术工作主要有防雷、防污闪、防覆冰、防鸟、防风、防风偏、防外力破坏、防山火引发线路跳闸等。

专项技术工作总结的写法可参照总结的基本格式和写法。

2.5 报告的写法

按用途划分，报告有两种：一种是行政上行公文的公文报告（简称公文报告），另一种是属于事务文书的调查报告。

2.5.1 公文报告的写法

公文报告是向上级汇报工作、反映情况以及答复上级询问和向上级报送材料时使用的上行公文。公文报告的种类一般可分为综合报告、专题报告、例行报告。

按书写形式划分，公文报告可分为陈述性公文报告和表格式公文报告。

1. 陈述性公文报告的写法

按格式是否完整来划分，陈述性公文报告可分为通用公文报告（即有完整格式的公文报告，俗称红头文件的公文报告）和简化格式的公文报告。

在电力企业的管理机关（如电网公司、供电局等）中使用的是统一规定的有完整格式的公文报告，而车间、班组、个人在写报告时使用的是简化格式的公文报告（下面称为运行班报告的格式）。下面将通用公文报告格式和运行班报告格式介绍于下：

（1）通用公文报告的格式。

通用公文报告的格式由公文头部分、公文主体部分、公文尾部分、附加标记四部分组成。有关各个部分的组成和格式，大家可从电网公司下发的红头文件和供电局上报电网公司的红头文件中或供电局给下级或向外单位发出的红头文件中去了解。

（2）运行班报告格式。

通常用通用公文报告格式中的正文部分的格式作为运行班报告的格式。它包括标题、受文单位名称、正文、附件、落款（即发文单位名称）、成文日期等。运行班报告的写法如下：

1）标题。写在报告的首页顶部居中位置。

2）受文单位名称。受文单位包括报告的主送单位和抄报抄送单位名称。主送单位名称写在标题下一行，从左顶格处写并加冒号。如果需要抄报、抄送该报告，则将抄报抄送单位写在正文末页正文末行或附件末行的下方。具体写法是首先在左侧空两字格后面写“抄报:”及抄报单位名称；然后另起一行，在左侧空两字格后面写“抄送:”及抄送单位名称。

3）正文。正文就是报告所写的内容，包括开头、正文主体、结尾语三部分。正文的第一行从受文单位的下一行的左侧空两字格后开始写。正文的每一段都另起一行，从左侧空两字格后开始写。

4）附件。如果该报告有附件，则在正文末页末行的下两行，在左侧空两字格后面写“附件:”及附件的名称。如果有多个附件，则在“附件:”后面写“1. 附件 1 名称”，然后另起一行，在对应于“1. 附件 1 名称”的下方写“2. 附件 2 名称”。其他依此类推。

附件的全文放置在报告的后面，与正文装订成一体。附件也是正文的组成部分。

5）落款、成文日期。落款是在报告（文件）上写（印）上制发文件（发文单位、写报告单位或个人）单位名称。成文日期是文件开始生效的日期。

落款和成文日期的书写（或打印）位置在正文末页的右下角处，其位置以不影响书写发文单位名称（落款）、成文日期以及以它们与正文或附件或抄报、抄送等的末行文字之间还有足够空隙为准。

补充说明：如果报告中同时有附件、抄报、抄送等内容，它们的书写顺序是正文、附件、抄报、抄送；如果只有其中的一部分内容就依次写哪一部分内容；如果没有上述内容则不写。

（3）写陈述性公文报告的注意事项：

1）要尽量将报告写短。

2）要实事求是地写报告。

3）不要在报告中写请示事项，因上级不对报告的问题作回复。

4）一般不得越级报告。

5）不得以单位名义向上级领导个人送报告，但上级领导直接交办的事项除外。

2. 表格式公文报告的写法

电力企业的事故报告通常采用上行文的表格式报告形式。在 CSG/MS 0406—2005《中国南方电网有限责任公司电力生产事故调查规程》中设置有许多表格式事故报告。例如，不定期的事故报告有电力生产事故快速报告；定期的周事故报告有电力生产事故周报；定期的月度报告有人身伤亡事故报告、电网事故报告、电网一类障碍报告、设备事故报告、设备一类障碍报告；定期的年度报告有电力生产事故、一类障碍月（年）综合统计表。

表格式事故报告的报告项目设置比较灵活，根据需要设定。表 2-2 是中国南方电网有限责任公司《电力生产事故快速报告》的格式，表 2-3 是《人身伤亡事故报告》的格式。

表 2-2　　中国南方电网有限责任公司电力生产事故快速报告格式

电力生产事故快速报告

填报单位（公章）：＿＿＿＿＿＿　　填表时间：＿＿年＿＿月＿＿日＿＿时＿＿分

发生事故单位		直接上级单位	
事故简题			
事故起止时间	＿＿年＿＿月＿＿日＿＿时＿＿分＿＿秒～＿＿年＿＿月＿＿日＿＿时＿＿分＿＿秒		
1. 事故发生、扩大和应急救援处理过程的简要情况： 2. 初步原因判断： 3. 事故后果（伤亡情况、停电影响、设备损坏或可能造成不良社会影响等）的初步估计：			
备注			

安监部门负责人：　　　　填报人：

表 2-3　　人身伤亡事故报告格式

人身伤亡事故报告

填报单位：(章)：__________　　事故简题__________　　本表共_____页，第_____页

事故编号	上级单位名称	事故单位	隶属关系	经济类型	事故发生时间	事故等级	事故类别	伤害情况	事故归属	安全记录	姓名	性别	年龄	工龄
					年月日时分									

用工类别	工种1	紧急救护（现场）	伤害程度	受伤部位	起因物	危险作业分类	触电类别	气象条件及自然灾害
本工种工龄	工种2	有无职业禁忌	直接经济损失（千元）		致害物	1. 2. 3. 4.	触电电压	气温（℃）

不安全状态	不安全行为	事故直接原因	责任分类	事故间接原因	责任分类	有无附件
1. 2. 3. 4.	1. 2. 3. 4.	1. 2. 3. 4.	1. 2. 3. 4.	1. 2. 3. 4.	1. 2. 3. 4.	

事故经过：

事故原因暴露问题、防止对策、执行人及完成期限：

单位领导：　　安监审核人：　　填报人：

网、省公司领导批复	签名：	网、省公司安监部门批复	签名：	填报质量评价
				ABCD

填表日期：　　年　　月　　日

2.5.2　调查报告的写法

调查报告是调查者在对某客观事物或社会问题进行调查研究得出调查结果后，为将其调查结果告诉给领导、本单位群众或读者而形成的书面报告材料。调查报告不是行政公文，而是一种常见的事务文书。

(1) 调查报告的格式。调查报告的一般格式如下：

1) 标题；

2) 正文（包括导语或前言或引言、主体、结尾）；

3) 署名；

4) 时间。

(2) 电力事故调查报告。电力事故调查报告是一种专题性的调查报告，是对某电力事故进行调查后而形成的书面报告材料，具有上行文报告性质。

为避免遗漏和规范调查事项，在 CSG 0406—2005《中国南方电网有限责任公司电力生产事故调查规程》中已统一制定了表格式的事故调查报告书格式，如人身事故调查报告书、电网事故调查报告书、设备事故调查报告书、火灾事故调查报告书。其中，人身事故调查报告书的格式见表 2-4。

表 2-4 人身事故调查报告书格式

人身事故调查报告书

1. 事故简称：

2. 企业详细名称： 业别：

3. 企业隶属关系：
上级直接管理单位：
产权控股单位：

4. 企业经济类型：

5. 企业详细地址：
联系电话： 传真电话： E-mail：

6. 企业成立时间： 年 月 日
注册地址：
所有制性质：
执照情况：
经营范围：

7. 事故起止时间： 年 月 日 时 分 至 年 月 日 时 分

8. 事故发生地点：

9. 事故现场紧急救护情况：

10. 事故发生时气象及自然灾害情况：
气温： ℃ 其他（晴、阴……）

11. 事故归属：

12. 安全周期是否中断：是（ ）否（ ）

13. 事故等级（事故性质）：

14. 事故类别：

15. 本次事故伤亡情况：死亡 人，重伤 人，轻伤 人

16. 本次事故经济损失情况（包括直接经济损失和间接经济损失）：

17. 危险作业分类：

18. 事故发生时不安全状态：

19. 事故发生时不安全行为：

20. 触电类别：

21. 事故经过（包括事故发生过程描述、主要违章事实和事故后果等）：

22. 事故报告、抢救和搜救情况：

23. 事故原因分析（包括直接原因、间接原因、扩大原因）：

24. 对事故的责任分析和对责任人的处理意见（包括责任人的基本情况、责任认定事实、责任追究的法律依据及处理建议，并按以下顺序排列：移送司法机关的、给予党政处分或经济处罚的、对事故单位的处罚建议）：

事故责任者（包括领导责任、直接责任者、主要责任者、次要责任者、事故扩大责任者）：

25. 预防事故重复发生的措施，执行措施的负责人、完成期限，以及执行情况的检查人（还包括从技术和管理等方面对地方政府、有关部门和事故单位提出的整改建议，以及对国家有关部门在制定政策和法规规章及标准等方面提出的建议）：

26. 调查组成员情况：

姓名	性别	职务	职称	所在工作单位	联系电话	事故调查中担任职务	签名

续表

27. 本次事故伤亡人员具体情况：

序号	姓名	性别	年龄	本工种工龄	主管工作	工种 1	工种 2	受过何种安全教育	伤害情况	伤害程度	伤残等级	附注

28. 附清单（包括事故现场平面图纸及有关事故照片、资料、原始记录、笔录、录像，事故发生时的气象地质资料，有关部门出具的诊断书、鉴定结论或技术报告、试验和分析计算资料、经济损失计算及统计表，成立事故调查组的有关文件、事故处理报告书、有关事故通报简报、处分决定和受处分单位及责任人的检查材料等）：

29. 人身伤亡事故调查报告书复印件。

事故单位负责人：
填　报　人：
报 出 日 期：　　年　月　日

2.5.3 班组安全分析的写法

班组运行分析是一种总结性质的管理应用文，包括班组的三种运行分析，即安全分析、经济分析、运行管理分析。班组安全分析的基本书写格式由三部分组成，即标题、正文、落款。

班组安全分析的正文部分可参考以下写法：

1. 汇报在分析期内本班组安全生产基本情况

分析期是指某月及某年度内自某月截至某月止的期间。

（1）上次配管所安全分析会给本班下达的任务的执行情况。

（2）在某月或某时间段内本班完成的主要工作，例如巡视、检测、维护等工作，新设备投产验收、安全检查、状态评价、安全性评价、培训、考试等。

（3）本班在某月内与某年度内自某月截至某月止的实际安全生产指标，例如：①中压配电线路跳闸次数、事故次数、中压配电线路故障率；②公用变压器故障次数、公用变压器故障率；③人身事故次数、实际完成的安全目标；④“两票”合格率；⑤安全生产天数。

（4）对本班某月和某年度内自某月截至某月止的安全情况的自我简要评价。

2. 在分析期内本班发生的主要配电线路、设备和人身事故及其安全分析

（1）对事故或情况 1 的安全分析

1）事故或不安全情况名称、时间、地点、经过、原因。

2）事故或不安全情况的性质。

3）事故或不安全情况责任人与处理。

4）今后应采取的防范措施。

（2）对事故或情况 2 的安全分析

……

3. 存在的问题及整改意见

存在的问题及整改意见是指存在的重大缺陷或隐患、带有普遍性的缺陷、需引起关注的问题，执行安规方面存在的问题以及整改意见。

LE3 法 律 法 规

3.1 主要法律法规及标准的目录

3.1.1 法律法规目录

《中华人民共和国电力法》

《中华人民共和国安全生产法》

《中华人民共和国消防法》

《中华人民共和国劳动法》

《电力设施保护条例》（1987年9月15日国务院发布，根据1998年1月7日《国务院关于修改〈电力设施保护条例〉的决定》修正）

《电力设施保护条例实施细则》

《电力监管条例》

《触电人身损害赔偿案件司法解释》

《供电营业规则》

《电网调度管理条例》

《云南省供用电条例》（2004年3月26日云南省第十届人民代表大会常务委员会第8次会议通过，2004年6月1日起施行）

《云南省电力设施保护条例》（云南省第十届人民代表大会常务委员会公告第61号）

《电力生产事故调查暂行规定》（国家电力监管委员会第4号）

国家电力监管委员会办公厅关于执行《电力生产事故调查暂行规定》有关问题的通知（办安全［2005］3号）

3.1.2 国家与行业标准目录

GB/T 12325—2008 《电能质量　供电电压允许偏差》

GB/T 15543—2008 《电能质量　三相电压允许不平衡度》

GB 50173—1992 《电气装置安装工程　35kV及以下架空电力线路施工及验收规范》

GB 50168—2006 《电气装置安装工程　电缆线路施工及验收规范》

GB 50169—2006 《电气装置安装工程　接地装置施工及验收规范》

GB 50148—2010 《电气装置安装工程　电力变压器、油浸电抗器、互感器施工及验收规范》

GB 50171—2012 《电气装置安装工程　盘、柜及二次回路结线施工及验收规范》

GB 50156—2012 《电气装置安装工程　电气设备交接试验标准》

DL/T 596—2005 《电力设备预防性试验规程》

DL/T 741—2010 《架空输电线路运行规程》

DL/T 393—2010 《输变电设备状态检修试验规程》

DL/T 408—1991 《电业安全工作规程（发电厂和变电所电气部分）》

DL/T 409—1991 《电业安全工作规程（电力线路部分）》

DL/T 572—2010 《电力变压器运行规程》
DL/T 621—1997 《交流电气装置的接地》
DL/T 5220—2005 《10kV及以下架空配电线路设计技术规程》

3.1.3 中国南方电网公司与云南电网公司标准及制度目录

Q/SCG 210124—2009 《中低压配电运行管理标准》
Q/CSG 10003—2004 《电气工作票技术规范（发电、变电部分）》
Q/CSG 10004—2004 《电气工作票技术规范（线路部分）》
Q/CSG 20002—2004 《架空线路及电缆运行管理标准》
Q/CSG 10006—2004 《电气操作导则》
Q/CSG 10007—2004 《电气设备预防性试验规程》
Q/CSG 10002—2004 《架空线路及电缆安健环设施标准》
Q/CSG 11801.8.1—2008 《电网设备信息分类与编码》
Q/CSG 10703—2009 《110kV及以下配电网装备技术导则》
Q/CSG 11624—2008 《配电变压器效能标准及技术经济评价导则》
Q/CSG 21003 《中国南方电网电力调度管理规程》
Q/CSG 21001—2008 《线损四分管理标准（试行）》
Q/CSG 21007—2008 《电能质量技术监督管理规定》
Q/CSG 21007—2009 《高中压用户供电可靠性管理标准》
Q/CSG 12106—2009 《客户停电时间统计标准》
南方电网公司《安全生产监督规定》
南方电网公司《安全生产工作规定》
南方电网公司《安全生产工作奖惩规定》
CSG/MS 0305—2005 《电力可靠性管理办法》
CSG/MS 0306—2005 《线损管理办法》
CSG/MS 0308—2005 《电力系统电压质量和无功电力管理办法》
CSG/MS 0406—2005 《电力生产事故调查规程》
CSG/MS 106—2005 《农村电网供电可靠性管理办法》
CSG/MS 107—2005 《农村电网电压质量和无功电力管理办法》
云南电网公司《配电网电气安全工作规程（2011年版）》
云南电网公司《变电站电气工作票实施细则》
云南电网公司《变电站电气操作票实施细则》
云南电网公司《调度管理规程》

3.2 电力线路保护区与供电电压偏差相关规定摘要

3.2.1 电力线路保护区

1. 架空电力线路保护区

(1)《电力设施保护条例》第十条（一）规定，架空电力线路保护区：导线边线向外侧水平延伸并垂直于地面所形成的两平行面内的区域，在一般地区各级电压导线的边线延伸距离如下：

1～10 千伏　　　　5 米；

35～110 千伏　　　10 米；

154～330 千伏　　15 米；

500 千伏　　　　　20 米。

在厂矿、城镇等人口密集地区，架空电力线路保护区的区域可略小于上述规定。但各级电压导线边线延伸的距离，不应小于导线边线在最大计算弧垂及最大计算风偏后的水平距离和风偏后距建筑物的安全距离之和。

(2)《电力设施保护条例实施细则》第五条对风偏后导线距建筑物的安全距离规定如下：

1 千伏以下　　　　1.0 米；

1～10 千伏　　　　1.5 米；

35 千伏　　　　　3.0 米；

66～110 千伏　　　4.0 米；

154～220 千伏　　5.0 米；

330 千伏　　　　　6.0 米；

500 千伏　　　　　8.5 米。

(3)《电力设施保护条例实施细则》第十二条关于电力线路杆塔、拉线基础的保护区的规定为：

35 千伏及以下电力线路杆塔、拉线周围 5 米的区域；

66 千伏及以上电力线路杆塔、拉线周围 10 米的区域。

说明：《云南省电力设施保护条例》第十六条对上述的基础保护区分别规定为 2 米和 3 米。

(4)《电力设施保护条例实施细则》(《细则》) 第十六条和《66kV 及以下架空电力线路设计规范》(《规范》) 第 11.0.11 条关于架空电力线路导线在最大弧垂或最大风偏后与树木之间的安全距离的规定如表 3-1 所示。

表 3-1　导线在最大弧垂或最大风偏后与树木之间的安全距离

电压等级	最大风偏距离[①]	最大垂直距离[②]	备　注
3 千伏以下 3～10 千伏	3.0 米 3.0 米	3.0 米 3.0 米	《规范》的规定
35～110 千伏 154～220 千伏 330 千伏 500 千伏	3.5 米 4.0 米 5.0 米 7.0 米	4.0 米 4.5 米 5.5 米 7.0 米	《细则》的规定

注 ① “最大风偏距离”是指导线处于最大风偏时导线至树木的安全距离。
② “最大垂直距离”是指导线处于最大弧垂时导线至树木的垂直安全距离。

2. 电力电缆保护区

《电力设施保护条例》第十条（二）规定，电力电缆线路保护区：地下电缆为电缆线路地面标桩两侧各 0.75 米所形成的两平行线内的区域；海底电缆一般为线路两侧各 2 海里（港内为两侧各 100 米），江河电缆一般不小于线路两侧各 100 米（中、小河流一般不小于各 50 米）所形成的两平行线内的水域。

《云南省电力设施保护条例》第十六条规定电力电缆线路保护区：地下电缆为电缆线路

地面标志两侧各 0.75 米所形成的平行线内的区域；江河、湖泊电缆一般为线路两侧各 100 米（中、小河流不小于各 50 米）所形成的两平行线内的水域。

3.2.2 用户受电端供电电压允许偏差

《供电营业规则》第 54 条规定：

在电力系统正常状态下供电企业供到用户受电端的供电电压允许偏差为：35 千伏及以上电压供电的，电压正、负偏差的绝对值之和不超过额定值的 10%；10 千伏及以下三相供电的，为额定电压的±7%；220 伏单相供电的，为额定值的+7%，−10%。

在电力系统非正常状态下，用户受电端的电压最大允许偏差不应超过额定值的±10%。

用户用电功率因数达不到《供电营业规划》第四十一条规定的，其受电端的电压偏差不受此限制。

LE4 MU1思考与问答题

1. 什么是安全电流？我国规定的50～60Hz交流电的安全电流有效值是多少？

2. 什么是安全电压？我国规定的不同环境与使用条件下50～60Hz交流电的安全电压有效值是多少？在一般环境条件下允许持续接触的“安全特低电压”是多少？

3. 电流流经人体对人体是有危害的。科学实验证明，电流通过人体的途径不同，通过人体心脏的电流大小也不同，对人体的危害程度也不同，流经心脏的电流越大危害程度越大。在下面电流流经人体的途径中，请问哪种途径流经心脏的电流最大，危害性最大？

（1）从手到手的途径；

（2）从左手到脚的途径；

（3）从右手到脚的途径；

（4）从脚到脚的途径。

4. 常见的触电方式有哪两种？在直接触电方式下哪两种工频交流电的触电形式是最危险的触电形式？

5. 发生50～60Hz交流电触电，人体触电伤害程度与哪些因素有关？

6. 触电伤害是哪两种？常见的电伤形式有哪些？

7. 通常要求家用电器的漏电保护器的漏电整定电流不大于多少毫安？手持电动器的漏电保护器的漏电整定电流不大于多少毫安？在特别潮湿场所使用的漏电保护器的整定电流不应大于多少毫安？

8. 触电急救的基本原则是什么？

9. 如何正确使低压触电人解脱电源？如何正确使高压触电人解脱电源？

10. 实施对症抢救触电人的具体步骤是什么？有哪些对症抢救的具体方法？

11. 简述心肺复苏法的抢救操作步骤与方法。

12. 防止人身触电的基本措施主要是哪三种？什么是保护接地？什么是保护接中性线？什么是重复接地？

13. 在同一低压配电系统中是否可以允许有些设备采用保护接地，而有些设备同时采用保护接中性线？理由是什么？

14. 巡线员一般用哪两种记录形式记录缺陷？

15. 缺陷记录应记录哪些内容？

16. 简述隐患通知书的写作格式。在隐患通知书的正文部分应写哪些内容？

17. 按写作形式划分计划有哪三种写作形式？其中表格式计划由几个部分组成？

18. 总结的含义和目的是什么？

19. 总结一般由几个部分组成？其中正文部分由几个部分组成，各部分应写哪些内容？

20. 试将第2.4.2子单元的举例“配电线路生产运行专业总结大纲”的内容按哪些是总

结的正文前言、哪些是正文的主体、哪些是正文的结尾进行划分。

21. 按用途划分，在电力行业中常使用的书面报告有哪两种？按公文报告的种类划分一般可分为哪三种？

22. 按书写方式划分，可将电力行业中使用的上行公文报告划分为哪两种报告？

23. 按公文报告格式是否完整来划分，可将电力行业中陈述性公文报告划分为哪两种报告？各为哪些部门或单位使用？

24. 班组的运行分析一般应包括哪三种分析？其中的安全分析一般由哪三个部分组成？

25. 电力行业运用的法律、法规、规定、标准、规程、办法、规则分别由哪些部门发布？

26. 简述电力线路保护区的含义。《电力设施保护条例》、《电力设施保护条例实施细则》对一般地区和厂矿、城镇、集市、村庄等人口密集地区的不同电压等级的架空电力线路的保护区的宽度规定值是多少？电力电缆保护区宽度的规定值是多少？

27. 《供电营业规则》关于用户受电端的供电电压允许偏差的规定值是多少？

MU2 基础模块

LE5　配电线路基础知识

5.1　电气工程图

电气工程图简称电气图。依据中国南方电网 Q/CSG 210124—2009《中低压配电运行管理标准》附录 I（资料性附录）的规定，配电运行岗位常用的电气图有中压配电网系统接线图、中压线路地理平面图、低压线路地理平面图、配电线路设计施工图等。

5.1.1　中压配电网系统一次接线图

一般将 10kV 配电网称为中压配电网。但为了提高供电能力，有些地区将 20、35kV 纳入中压配电网管理。

中压配电网一次接线图要根据供电企业中压配电网的供电范围和配网管理机构设置等具体情况来绘制。一般可以按供电企业供电区、供电企业的分局供电区、供电变电站的供电区、配电运行班所辖供电区中压配电网来绘制一次接线图。

通常用单线绘制中压配电网一次接线图。图中应标示供电变电站，所（或发电厂）名称，各条中压出线的线路名称和供电开关号、线路分段和分支线的杆号，分段和分支线开关、线路上的台架式配电变压器和配变站（包括箱式配电站）的名称和容量，线路干线和支线的导线型号和规格、长度等。

图 5-1 是 35kV 城南变电站 10kV 配电网一次接线示意图。

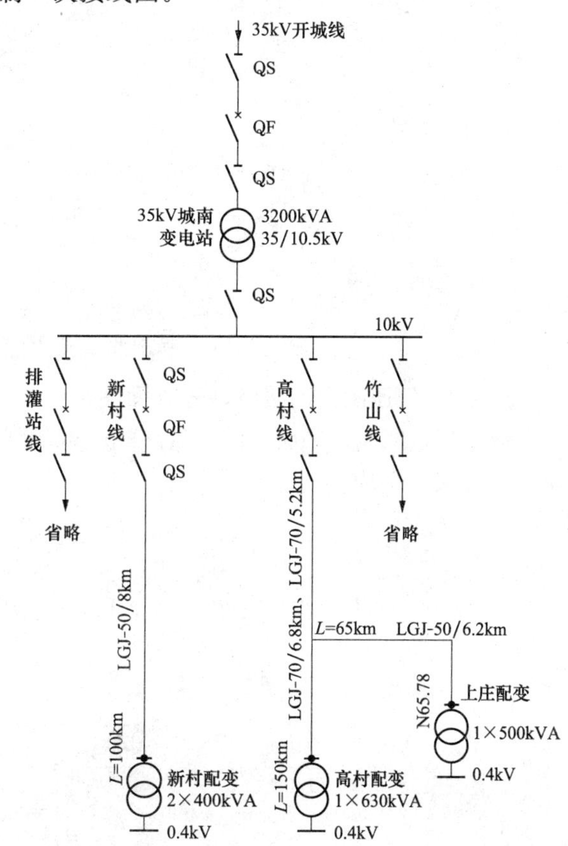

图 5-1　35kV 城南变电站 10kV 配电网一次接线示意图

5.1.2　低压配电网一次接线图

380/220V 配电网就是低压配电网。一般以配电变压器台架、站（柱上变压器、落地安装式变压器、屋内变压器、屋顶式变压器、箱式变压器）为单位绘制其低压配电网一次接线图。

通常用单线绘制低压配电网一次接线图。图中应标示供电配电变压器（简称配变）名称，各出线名称，开关编号，转角杆和分支杆编号、干线和支线导线型号规格、相数（用图形符号和文字符号标示）、长度，接户线杆号、相数、导线型号规格、用户用电容量等。

5.1.3 中压配电网线路地理平面图

线路地理平面图又称线路平面图、线路路径图。线路地理平面图用单线绘制。在每一条中压（10kV）线路地理平面图中应标示线路的起止位置、线路走向，耐张杆、转角杆、T接杆、终端杆的杆号，各线路段的长度，导线型号规格，连接在线路上的配电变压器台架、站的名称、容量，以及线路跨越或被跨越的位置，跨越或被跨越物的名称和跨越情况等。一个供电区中压配电网的线路地理平面图就是绘有该供电区内所有中压线路的地理平面图，如图 5-2 所示。

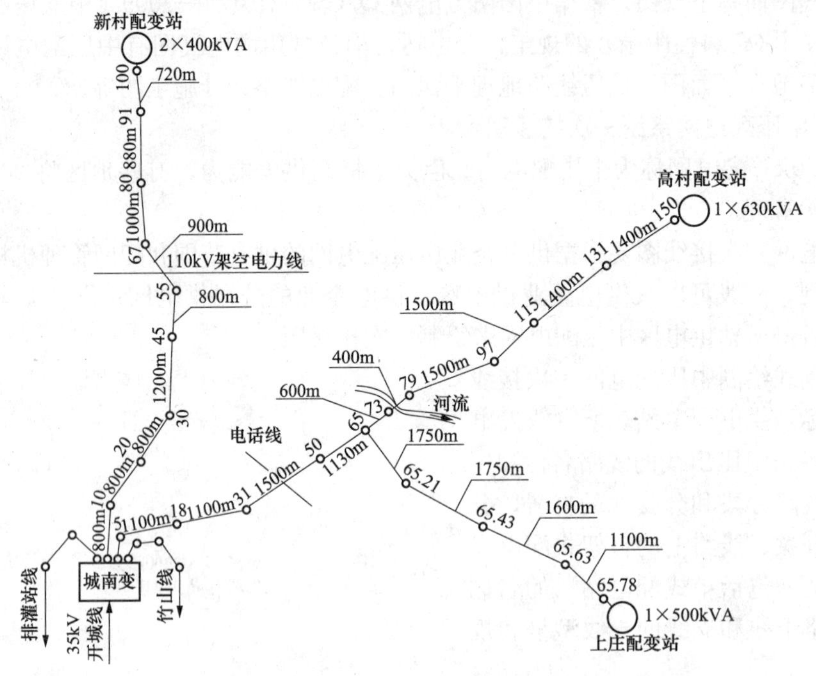

图 5-2 35kV 城南变电站 10kV 配电网的线路地理平面图

5.1.4 低压配电网线路地理平面图

低压配电网地理平面图即是低压配电网的线路路径图，如图 5-3 所示。图中的 P_{30} 是指在 30min 内的平均有功功率。

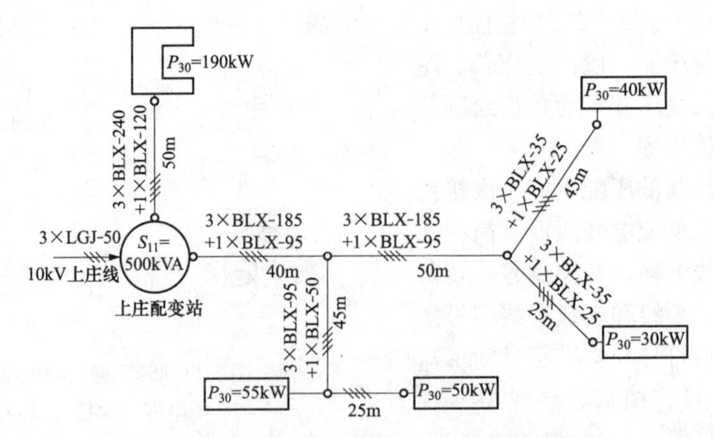

图 5-3 上庄配变站低压配电网地理平面示意图

5.1.5 配电线路设计施工图

中低压配电线路分为架空配电线路、电力电缆配电线路、架空电缆混合配电线路三种。

架空配电线路的设计施工图，主要有路径图，杆塔明细表，杆型一览图，杆塔安装图，基础施工图，导线弧垂安装曲线图（表），接地施工图以及柱上变压器台架，柱上断路器、负荷开关、隔离开关、熔断器安装图，避雷器（间隙）安装图，绝缘子串安装图等。

电力电缆配电线路的设计施工图，主要有地理平面图、电缆敷设图（直埋式、排管式、电缆沟式、隧道式、架空式、水底敷设式）、电缆工作井图、电缆附件（电缆终端、中间接头）图、接地施工图等。

说明：杆塔明细表安排在LE9配电线路设计图纸资料的应用中介绍。

5.2 线路气象区

表5-1是云南送电线路设计定型气象条件分区表。进行配电线路设计与运行时，此表有一定参考价值。但需指出，云南省工业和信息化委员会发布的《云南省各电压等级用户侧受电装置技术装备标准》（云工信电力［2011］402号）规定：10kV架空线路的设计覆冰厚度（冰的密度0.9g/cm³）一般不宜大于10mm。当考虑采用超过10mm设计冰厚时，要做技术经济比较后决定。

表5-1　　云南送电线路设计定型气象条件分区表

气象条件		气象区					
		无冰区	轻冰区	中冰区	重冰区	特重冰区	超重冰区
		0	Ⅰ	Ⅱ	Ⅲ	Ⅳ	Ⅴ
大气温度（℃）	最高	40	40	40	40	40	40
	最低	−5	−10	−10	−10	−15	−20
	年平均	20	15	15	10	10	10
	覆冰	—	−5	−5	−5	−5	−5
	最大风	10	10	10	10	10	10
	安装	0	0	0	0	0	0
	事故	0	0	0	−5	−5	−5
	雷电过电压	15	15	15	15	15	15
	操作过电压	15	15	15	10	10	10
风速（m/s）	最大风	25	25｜30	30	30	30	30
	覆冰	—	10	10	15	15	15
	安装	0	0	0	0	0	0
	最高、最低气温	0	0	0	0	0	0
	事故	0	0	0	0	0	0
	雷电过电压	10	10	10	10	10	10
	操作过电压	15	15	15	15	15	15
覆冰厚度（mm）		0	5	10	20	30	40
冰的密度（g/cm³）		—	0.9				

注　Ⅰ级气象区档距大于1000m的杆塔设计风速采用30m/s。

5.3 架空配电线路主要构件

不论是何种架空配电线路，例如单回路或多回路架空线路，钢筋混凝土电杆或铁塔架空线路等，都是由杆塔、绝缘子、线路金具、导（地）线、基础、防雷设备、接地装置、配电设备等构件组成。

5.3.1 杆塔

杆塔分为直线杆塔（包括直线转角杆）和承力杆塔（如转角耐张塔、耐张塔、T 接分支杆（塔）、终端杆塔）。拉线属于杆塔构件的一部分。

10kV 单回路水泥直线杆和耐张杆（塔）图分别如图 5-4 和图 5-5 所示。

(a)　　(b)

图 5-4　10kV 单回路水泥直线杆图

(a) 普通直线杆；(b) 直线型配电变压器台架

(a)　　(b)

(c)　　(d)

图 5-5　10kV 单回路耐张杆（塔）图（一）

(a) 水泥耐张单杆；(b) 耐张塔；(c) 90°转角耐张杆塔；(d) T 接分支杆

图 5-5 10kV 单回路耐张杆（塔）图（二）
(e) T 接分支杆塔；(f) 水泥杆单杆终端杆；(g) 铁塔终端塔；(h) 耐张型双台配电变压器台架

Q/CSG 10012—2005《中国南方电网城市配电网技术导则》规定：城区中压架空配电线路（即 6、10、20kV 架空线路）宜采用 12m 或 15m 水泥杆，必要时也可采用 18m 水泥杆。水泥杆应按最大受力条件进行校验。城区架空配电线路的承力杆（耐张杆、转角杆、终端杆）宜采用窄基塔或钢管杆。DL/T 5131—2001《农村电网建设与改造技术导则》规定：在农村一般选用不低于 10m 的混凝土电杆，集镇内宜选用不低于 12m 的混凝土电杆。低压电杆宜采用不低于 8m 的混凝土电杆。

5.3.2 绝缘子

直线杆绝缘子分为针式绝缘子、蝶形绝缘子（低压架空线）、瓷横担绝缘子。

耐张杆绝缘子分为槽形悬式绝缘子、蝶形绝缘子（用于小导线的低压架空线路）。

Q/CSG 10012—2005《中国南方电网城市配电网技术导则》规定：城区宜选用防污绝缘子；重污区及沿海地区，10kV 架空线路绝缘子的绝缘水平，当采用绝缘导线时应取 15kV，采用裸导线时应取 20kV。

5.3.3 线路金具

线路金具一般分为六类：

(1) 支持金具，如悬垂线夹，用于 35kV 及以上电压等级的架空线路上，用来支持导线和地线，使导（地）线固定在悬垂绝缘子串或地线挂具上。

(2) 紧固金具，例如导线用的耐张线夹和地线用的楔形线夹，用来紧固导线和地线终端，将导线固定在耐张绝缘子串上，将地线固定在非直线杆塔上。

(3) 接续金具，如压接管、补修管、并沟线夹，用来接续导线和钢绞线。

(4) 连接金具，如 U 形挂环、平行挂板、直角挂板，用来将悬式绝缘子及其他金具连成串和将绝缘子串悬挂在杆塔横担上，以及将拉线金具与杆塔连接。

（5）保护金具，如机械保护金具防振锤，用来保护导线等。

（6）拉线金具，如UT线夹、楔形线夹、U形环、钢卡子和压块等，主要用来制作和安装拉线。

5.3.4 导线

（1）城市配电网架空线路的导线。

1）10kV城市架空线路的导线。在一般地区，可采用架空钢芯铝绞线或铝绞线。在下列地区应采用电缆线路。

（a）线路走廊狭窄，裸导线架空线路与建筑物净距不能满足安全要求时；

（b）高层建筑群地区；

（c）人口密集，繁华街道区；

（d）风景旅游区及林带区；

（e）重污秽地区。

上述地区不具备采用电缆线路条件时，则应采用JKLYJ系列架空铝芯交联聚乙烯绝缘线或JKYJ系列铜芯交联聚乙烯绝缘线。

依据Q/CSG 10012—2005《中国南方电网城市配电网技术导则》，关于城网中压配电网的导线截面选择规定，在选择导线截面和型式时应遵守以下要求：

10kV架空线路导线，按线路计算负荷、允许电压损失和机械强度选择，并留有适当的裕度；正常负荷电流宜控制在导体安全载流量2/3以下，超过时应采取分路措施选择导线截面。10kV架空线的允许电压损失为额定电压的5%（引自DL/T 5220—2005《10kV及以下架空配电线路设计技术规程》）。

10kV架空线路的导线宜选用LGJ系列钢芯铝绞线、JKLYJ系列铝芯交联聚乙烯绝缘线或JKYJ系列铜芯交联聚乙烯绝缘线。线路主干线的截面不宜小于185mm^2，次干线的截面不宜小于95mm^2，分支线的截面不宜小于50mm^2。

2）380/220V城市配电线路的导线。架空低压配电线路宜采用塑料铜芯绝缘线，如铜芯聚氯乙烯（即PVC）绝缘线、铜芯聚乙烯（即PE）绝缘线。

低压配电线路按10年规划确定的计算电流并满足末端电压要求的原则选择导线截面。换言之，就是按10年规划确定的线路计算负荷、允许电压损失来选择导线截面。允许电压损失为低压额定电压（380、220V）的4%（依据Q/CSG 10012—2005规定）。

低压架空配电主干线铜芯绝缘线的截面不宜小于120mm^2，支线截面宜采用70mm^2或35mm^2。低压三相四线制供电系统，中性线与相线截面相同；单相制的，中性线与相线截面相同。

（2）农网架空线配电网的导线。依据DL/T 5131—2001《农村电网建设与改造技术导则》，农网架空导线的选择原则为：

1）10kV农网配电网架空线的导线。在一般地区，应选用钢芯铝绞线；在城镇或特殊地段可采用绝缘导线。按经济电流密度选择导线截面，并按允许电压损失进行校验。允许电压损失为10kV电网额定电压的5%（引自DL/T 5220—2005《10kV及以下架空配电线路设计技术规程》）。

配电网主干线钢芯铝绞线截面不得小于35mm^2。

2）380/220V低压架空线的导线。在一般地区，应选用铝绞线。但在集镇内，为保证用电安全，可采用铜芯绝缘导线。低压线路导线截面不得小于25mm^2（铝绞线）。

低压线路的导线截面应按经济电流密度选择，并按电压损失来校验。允许电压损失为低压额定电压的4%（引自DL/T 5220—2005《10kV及以下架空配电线路设计技术规程》）。

低压三相四线制供电系统，中性线与相线截面相同；单相制的，中性线与相线截面相同。

接户线采用绝缘线，铝芯线截面不应小于6mm²，铜芯线截面不应小于2.5mm²。

5.3.5 架空地线

10kV及以下架空线路，一般不装设架空地线。只有35kV及以上架空线路才装设架空地线，但35kV架空线路一般只在变电站进出线端1～2km范围内装设架空地线。

5.3.6 基础

钢筋混凝土电杆线路的基础包括底盘、卡盘、拉线盘，俗称三盘。

铁塔线路的基础分为有钢筋的混凝土基础和无钢筋的混凝土基础。

5.3.7 防雷设备

在10kV和380/220V架空配电线路上使用的防雷设备，主要是阀型避雷器和氧化锌避雷器。

5.3.8 接地装置

接地装置是接地体和接地线的总称。

接地体分为水平接地体和垂直接地体两种。

有关接地装置的接地电阻计算问题，安排在LE13接地装置工频接地电阻计算学习单元中介绍。

5.3.9 架空配电线路的配电设备

架空配电线路的主要配电设备有柱式变压器台架、配变站、开关站（开闭所）、柱上断路器、负荷开关、隔离开关和熔断器、电容器等。有关这方面的问题将安排在LE14柱上变压器和开关与开关站及户内配变站运行学习单元中介绍。

5.4 架空配电线路合理供电半径

5.4.1 城网中低压配电线路合理供电半径

Q/CSG 10012—2005《中国南方电网城市配电网技术导则》规定：中压配电线路应满足末端电压质量要求，10kV供电半径宜控制在以下范围内：

A类供电区：1.5km；

B类供电区：2.5km；

C类供电区：4.0km。

城市供电区分类见表5-2。

表5-2 城市供电区分类表

供电区类别	A类	B类	C类
中远期用电负荷密度	大于30MW/km²	10～30MW/km²	小于10MW/km²

城网低压配电网的供电半径宜控制在以下范围内：

A类供电区：150m；

B类供电区：250m；

C类供电区：400m。

5.4.2 农网中低压配电线路合理供电半径

DL/T 5153—2001《农村电网建设与改造技术导则》规定：中低压配电线路供电半径宜满足以下要求：10kV不超过15km，380/220V不超过0.5km；在保证电压质量的前提下，负荷或用电量较小的地区，供电半径可适当延长。

5.5 中低压配电线路继电保护配置

5.5.1 中压配电线路继电保护配置

依据Q/CSG 10012—2005《中国南方电网城市配电网技术导则》和GB 50062—1992《电力装置的继电保护和自动装置设计规范》的规定，中低压配电线路的继电保护配置有三种：相间短路保护、单相接地保护和过负荷保护。

（1）10kV相间短路保护装置。10kV配电线路分为单侧电源线路和双侧电源线路两种。在这里只简介单侧电源线路的相间短路保护装置。单侧电源线路的相间短路保护装置装在线路的电源侧，可装设两段过电流保护，第一段为不带时限的电流速断保护，第二段为带时限的过电流保护，分别用作线路近区和远区的相间短路保护。

各条线路上还常装设有自动重合闸装置。

（2）单相接地保护装置。10kV配电网是中性点非直接接地系统，应装设单相接地保护装置。

在变电站内有两种接地保护装置，装设哪一种，要视具体情况而定：

一种是接地监视装置。它接在10kV供电母线的三相五柱式电压互感器上，只动作于信号，不动作于跳闸。当线路单相接地时，它可以监测到线路已接地和接地的相别，但不能监测到是哪条线路接地，需要用排除法依次短时断开线路来寻找。

另一种是有选择性的接地保护装置。它接在线路上的零序电流互感器上，或接在线路上的由三个电流互感器构成的零序电流滤过器回路中。这种接地保护装置能直接判断某条线路和相别已接地。它可动作于信号，也可动作于跳闸。

此外，安装在10kV架空配电线路分支杆上的分界负荷开关，除能自动切除短路线路段之外，还能有选择地自动切除永久性单相接地的线路段，自动将接地线路段隔离。

（3）10kV配电线路的过负荷保护装置。这种保护装置用于可能时常出现过负荷的电缆线路。该保护装置宜带时限动作于信号；当危及设备安全时，可动作于跳闸。

5.5.2 10kV配电变压器继电保护配置

依据Q/CSG 10012—2005《中国南方电网城市配电网技术导则》的规定，城市中压配电网中10/0.38kV配电变压器按表5-3配置保护装置。

表5-3 10/0.38kV配电变压器保护装置配置表

名称		保护配置
10/0.38kV配电变压器	油浸式，<800kVA 干式，<1000kVA	高压侧采用熔断器式负荷开关环网柜，用限流熔断器作为速断、过电流、过负荷保护
	油浸式，≥800kVA 干式，≥1000kVA	高压侧采用断路器柜，配置速断、过电流、过负荷、温度、瓦斯（油浸式变压器）保护

对于装设在架空线路上的油浸式10/0.38kV配电变压器（柱台式、屋顶式、落地式变压器），它们的保护配置比较简单。习惯作法是只在变压器高压侧安装一组跌落式熔断器，用其熔丝作为短路速断、过电流保护，而在变压器的低压侧一般不装设熔断器。

5.5.3 低压配电线路继电保护配置

室内配电变压器（包括箱变）的低压侧出线应配置过电流保护和接地保护。其中过电流保护包括短路保护和过负荷保护。一般采用低压断路器或熔断器作为过电流保护装置。当线路发生短路、过负荷情况时，低压断路器或熔断器便自动断开，切断故障线路。一般用保护接中性线（即接零）和漏电保护器作为用电设备的接地保护（根据具体情况配置）。

5.6 配电线路巡视检测与缺陷管理

有关这部分的内容安排在LE11配电线路的运行中作介绍。

LE6 班组管理知识

配电线路运行班技术负责人应协助班长开展相关的班组管理工作，应掌握运行班的工作流程、运行班的班组管理内容、班组管理的方法等有关管理知识。

6.1 配电线路运行班工作流程

6.1.1 班组领导成员工作流程

班组领导是指班长、副班长、班组技术负责人等成员。班长是班组管理的总责任人。班组领导成员之间有分工，对分管工作负责。但分工不是分家而是有协作。班组领导成员的简要工作流程如图 6-1 所示。

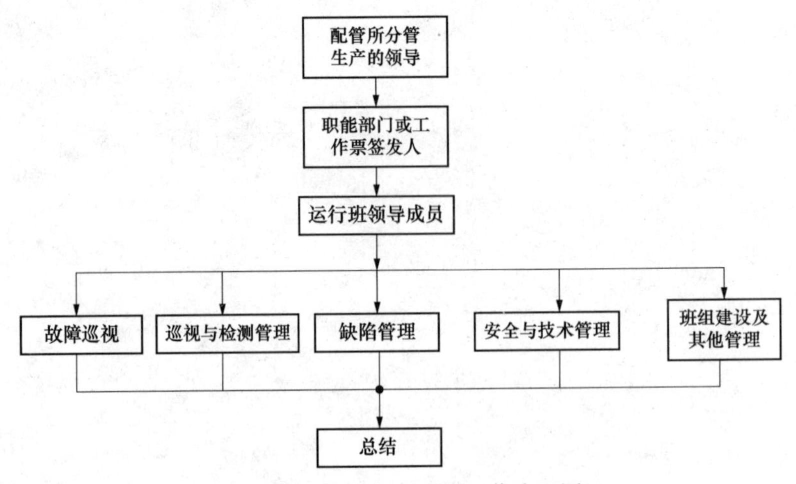

图 6-1 运行班领导成员工作流程图

6.1.2 配电线路运行班生产计划管理流程

配电线路运行班生产计划管理简要流程如图 6-2 所示。

6.1.3 制订与执行状态巡视计划流程

班组制订与执行状态巡视计划的简要流程如图 6-3 所示。

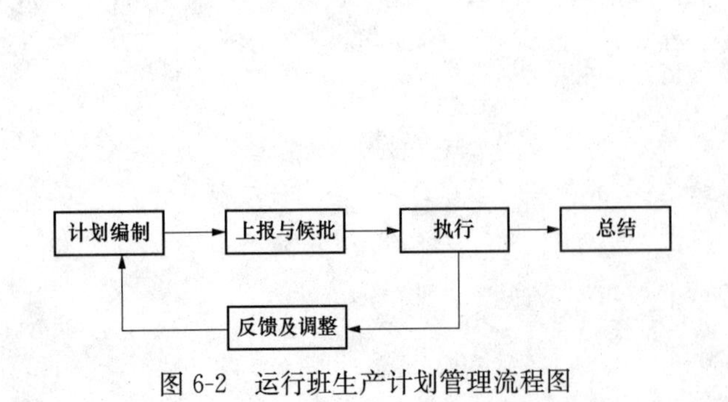

图 6-2 运行班生产计划管理流程图

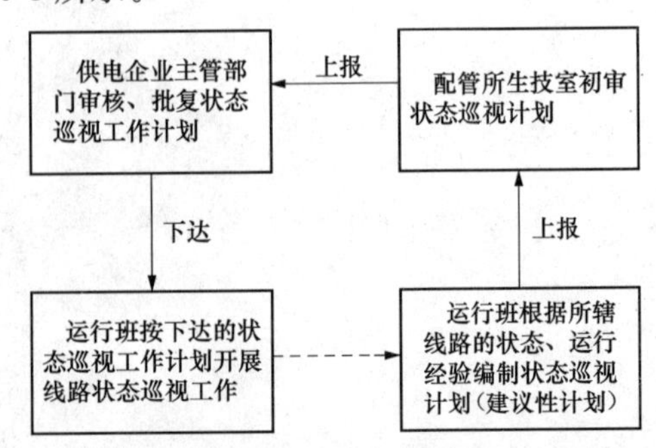

图 6-3 制订与执行状态巡视工作流程图

6.2 配电线路运行班的班组管理内容

技术负责人应协助班长进行班组管理工作。配电线路运行班的班组管理的主要内容：生产计划管理、配电线路和设备及设施管理、验收管理、新设备入网管理、巡视管理、维修管理、缺陷管理、试验管理、状态评价管理、安全性评价管理、特殊区段管理、电气操作管理、备品备件管理、故障巡视与抢修管理、应急预案管理、两措计划管理、安全管理、技术管理、安全工器具管理、标志管理、生产运行指标管理、标准管理、技术资料档案管理。

6.3 班组管理常用方法

6.3.1 抓住中心，带动其他的管理方法

这种管理方法源于抓住主要矛盾和矛盾的主要方面的原理。它的优点在于抓住根本，抓住安全第一，抓住工作的关键。结合线路运行班的工作特点，可将上述管理方法分解为三个具体方法：

（1）以安全第一为中心，带动线路运行工作的管理方法。

这个管理方法的核心是“安全为了生产，生产必须安全”的辩证关系。电力企业坚持“安全第一”就是坚持“保人身、保电网、保设备”的原则和“管生产必须管理安全”的原则；总之，就是坚持“安全第一，预防为主”或者“安全第一，预防为主，综合治理”的安全生产工作方针。

表面上看，这个工作方针降低了企业及其组织完成生产工作任务是企业的根本宗旨、目标的地位；但其实不然，这恰好是真正巩固与坚定了完成生产工作任务是根本宗旨目标的地位。因为无数实践证明，只有把安全放在首位，才有可能保障人身安全和设备正常运行，使产品质量得到保证，产量不断提高，企业才能长久生存、壮大。这个结论已是世界各国的共识。

（2）以线路巡视与检测工作为中心，带动其他运行工作的方法。

运行班的中心工作就是经常观察，及时发现线路已存在的缺陷和设备隐患（潜在的缺陷），包括线路、设备、附属设施及其运行环境（通道、防护区、周围环境）的缺陷。发现缺陷的主要手段是巡视与检测。而线路运行的其他工作，例如维护、检修与缺陷管理，计划、技术、安全管理与设备管理，班组建设等都是围绕发现缺陷、消除缺陷、预防缺陷这个中心而展开的。

（3）以安全例行工作为中心，带动安全管理的深入和创新的管理方法。

安全例行工作是经常性的安全管理工作。为了使安全例行工作取得实效，就必须不断充实安全例行工作的内容和内涵。要做到这点，只有不断地使安全管理、安全手段的研究与创新发生联动才能做到。

6.3.2 以“法治”代替“人治”的管理方法

班组的“法”就是以岗位责任制为核心的各种行政规章制度。班组岗位责任制是明确班长、副班长、技术负责人、工作成员的分工、权利与义务的书面规定。它的优点是有了岗位责任制及其配套的其他管理办法制度，使每个人及彼此都知道该做什么，做与不做，好与

差，一对照就明白。

6.3.3 按计划安排工作的管理方法

按计划安排工作有以下好处：

（1）突出某段时间的工作重点，把最重要的事情先做好。

（2）按计划安排工作，使工作完成有保障。因为在制订计划时，已统观全局，兼顾局部，在确定计划项目的同时，对实施计划所需的财力、人力及安全措施已做了相应安排。

6.3.4 按规定程序开展工作的管理方法

在班组管理工作中，按规定程序开展工作的事项很多，用于作业的有作业指导书，例如线路巡视作业指导书等；用于管理的有工作流程图，例如班组领导成员工作流程图、缺陷管理流程图、计划管理流程图等。

按规定程序开展工作的优点是行为规范、动作标准、杜绝违章、确保安全、质量有保证。

6.3.5 以人为本，构建和谐班组的管理方法

处理人际关系是一门高深的艺术。班组领导在构建和谐班组的过程中，要以人为本，要理顺四个方面的关系：

（1）以负责的态度处理好与上级的关系。

（2）以民主作风处理好与下级的关系。

（3）以团结的精神处理好与同级的关系。

（4）以诚实的友情处理好与外部的关系。

以人为本，构建和谐班组方法的优点是尊重人权，讲民主、讲关爱，讲协作，有利于树立团队精神。

6.3.6 因人施用，调动全班积极性的管理方法

一个班有许多成员，各有特长，就像人的五指，有长有短，各有强项和弱项。班组领导（班长）根据各人的特长，施以恰当的工作，意味着对个人的尊重和用各人最好专长进行工作，既保证了安全及工作质量，又能调动各人的工作积极性和潜能，形成互补优势，使班组发挥最大能量。

特别提示

在进行课程安排时，我们已将班组管理知识中的有关内容分散到有关学习单元中进行介绍。例如将标准管理安排在LE3法律法规中介绍；将验收管理安排在LE8配电线路材料设备的型号规格与参数及线路验收知识中介绍；将技术资料管理、缺陷管理、维修管理、设备标识、巡视管理、状态巡视管理、电压管理、负荷管理、试验管理、两措计划管理、状态评价管理、安全性评价管理等安排在LE10配电运行班技术管理、LE11配电线路的运行、LE16配电线路运行班状态评价和安全性评价中介绍。

LE7　MU2思考与问答题

1. 配电线路运行班常用的电气工程图有哪些？

2. 一般应根据供电企业的哪些具体情况来绘制中压（10kV）配电网的一次系统接线图？

3. 在中压（10kV）供电区配电网的一次系统接线图中应标示哪些主要设备或内容？

4. 在380/220V低压配电网中一般以一个配变站的供电范围为供电区，试绘制一个配变站的低压配电网一次系统接线图。在低压配电网一次系统接线图中应标示哪些电气设备或内容？

5. 一条线路的地理平面图是什么含义？在一条中压（10kV）线路地理平面图中应标示哪些主要电气设备或内容？如何绘制一个供电区中压配电网的线路地理平面图？

6. 按架设方式划分，中低压配电线路可划分为架空线路、电力电缆线路、架空和电缆混合线路三种。架空配电线路的设计施工图一般应包括哪些主要的施工图？电力电缆配电线路的设计施工图一般包括哪些主要施工图？

7. 云南省的定型气象区有几个？各气象区应包括哪些气象条件？

8.《云南省各电压等级用户侧受电装置技术装备标准》规定，10kV架空线路的设计覆冰厚度（冰的密度0.9g/cm^3）一般不宜大于多少？它相当于哪级定型气象区的覆冰厚度？

9. 架空配电线路由哪些主要构件构成？

10. 按杆塔承受导线张力情况划分，可将杆塔划分为哪两种类型？

11. 在10kV架空配电线路的直线杆和耐张杆（承力杆）上一般采用什么型式的绝缘子？从防污闪方面考虑，应如何选择城区10kV架空配电线路直线杆的绝缘子？

12. 在380/220V架空配电线路的直线杆和耐张杆（承力杆）上一般应采用什么型式的绝缘子？

13. 架空电力线路金具，一般分为几类？请说出每类金具的名称，举出一个产品的名称并说明其用途。

14. 在城市10kV配电网中，什么地区适用钢芯铝绞线或铝绞线？什么地区适用电力电缆及绝缘导线？

15. Q/CSG 10012—2005《中国南方电网城市配电网技术导则》规定，应按什么原则选择城市10kV配电网的导线截面和导线型式？

16. Q/CSG 10012—2005《中国南方电网城市配电网技术导则》规定，应按什么原则选择城市配电网380/220V的导线型式和导线截面？

17. DL/T 51031—2001《农村电网建设与改造技术导则》规定，应按什么原则选择农网10kV架空导线的型号和导线截面？

18. DL/T 51031—2001《农村电网建设与改造技术导则》规定，应按什么原则选择农网380/220V架空导线的型号和导线截面？

19. 在采用钢筋混凝土电杆的架空电力线路中，哪三种基础俗称为“三盘”？

20. 简述接地装置的定义。

21. 10kV 架空配电线路的配电设备是指哪些电气设备？

22. 在城市配电网 A、B、C 类供电区中 10kV 配电线路的供电半径宜分别控制在什么范围内？

23. 在城市配电网 A、B、C 类供电区中 380/220V 配电线路的供电长度宜分别控制在什么范围内？

24. 在农村配电网中 10kV 和 380/220V 配电线路的供电半径宜分别控制在什么范围内？

25. 10kV 配电线路的继电保护应配置哪些种类的保护装置？

26. Q/CSG 10012—2005《中国南方电网城市配电网技术导则》规定，按什么原则对城市配电网户内配变站（屋内、箱式变电站）的配电变压器配置继电保护？

27. 10kV 架空电力线路上的台架式变压器一般配置什么继电保护装置？

28. 请简述配电线路运行班领导成员的工作流程图。

29. 请简述配电线路运行班制订班组生产计划的管理流程图。

30. 请简述制订与执行状态巡视计划的流程图。

31. 配电线路运行班的班组管理有哪些主要内容？

32. 在班组管理中常采用哪些管理方法？

33. 从哲学理论原理来看，抓住中心带动其他的管理方法是基于什么原理？它有什么优点？

34. 用“法治”代替“人治”的管理方法有哪些优点？

35. 按计划安排工作的管理方法有哪些优点？

36. 按规定程序开展工作的管理方法有哪些优点？

37. 以人为本，构建和谐班组的管理方法有哪些优点？

38. 因人施用，调动全班积极性的管理方法有哪些优点？

MU3 专业模块

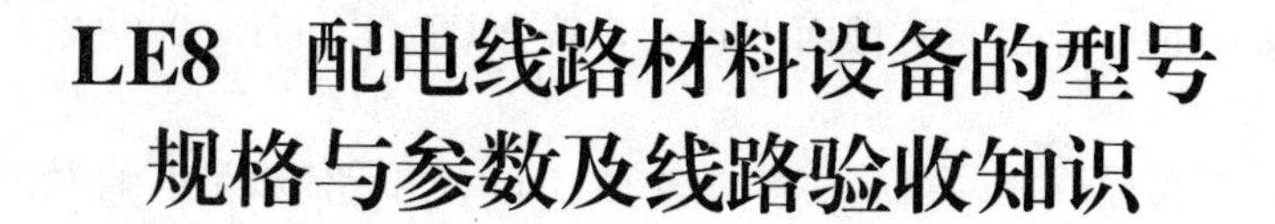

LE8　配电线路材料设备的型号规格与参数及线路验收知识

8.1　配电线路导线的型号规格表示法与参数

用于配电线路的导线有三种，即裸导线、架空绝缘电缆和电力电缆。

8.1.1　裸导线型号规格表示法与参数

1. 裸导线型号规格表示法

裸导线型号规格表示法如图 8-1 所示。

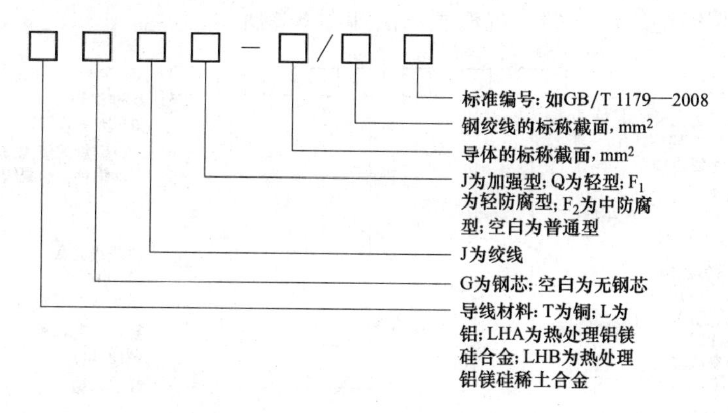

图 8-1　裸导线型号规格表示法

裸导线型号规格表示法举例：

（1）LJ—50　GB/T 1179—2008，表示为铝绞线，标称截面 50mm²，符合 GB/T 1179—2008；

（2）LGJ—50/8　GB/T 1179—2008，表示为钢芯铝绞线，铝标称截面 50mm²，钢芯标称截面 8mm²，符合 GB/T 1179—2008；

（3）LHAJ—50　GB/T 1179—2008，表示为热处理铝镁硅合金绞线，标称截面为 50mm²，符合 GB/T 1179—2008；

（4）LHBGJ—95/15　GB/T 1179—2008，表示为钢芯热处理铝镁硅稀土合金绞线，铝合金标称截面 95mm²，钢芯标称截面 15mm²，符合 GB/T 1179—2008；

（5）LHBJ—95　GB/T 1179—2008，表示为热处理铝镁硅稀土合金绞线，标称截面 95mm²，符合 GB/T 1179—2008；

（6）$LHAGJF_1$—95/15　GB/T 1179—2008，表示为钢芯轻防腐热处理铝镁硅合金绞线，铝合金标称截面 95mm²，钢芯标称截面 15mm²，符合 GB/T 1179—2008；

（7）LHBGJ—95/15　GB/T 1179—2008，表示为钢芯热处理铝镁硅稀土合金绞线，铝合金标称截面 95mm²，钢芯标称截面 15mm²，符合 GB/T 1179—2008；

（8）$LHAGJF_2$—95/15　GB/T 1179—2008，表示为钢芯中防腐热处理铝镁硅合金绞

线，铝合金标称截面 95mm²，钢芯标称截面 15mm²，符合 GB/T 1179—2008。

2. 裸导线的主要参数

裸导线的主要参数包括导线型号规格、导线外径（mm）、导体根数和直径（mm）、钢芯根数和直径（mm）、导体计算截面（mm²）、钢芯计算截面（mm²）、导线总计算截面（mm²）、导线单位长度计算质量（kg/km）、导线计算拉断力（N）、导线瞬时破坏应力（N/mm²）、导线弹性系数（N/mm²）、导线线膨胀系数（1/℃）、导线 20℃时单位长度直流电阻（Ω/km）、导线的允许载流量（A）。

8.1.2　架空绝缘电缆型号规格表示法

GB/T 12527—2008《额定电压 1kV 及以下架空绝缘电缆》和 GB/T 14049—2008《额定电压 10kV 架空绝缘电缆》规定了架空绝缘电缆的型号规格的表示方法。

1. 1kV 及以下架空绝缘电缆型号规格表示法

1kV 及以下架空绝缘电缆型号规格表示法如图 8-2 所示。

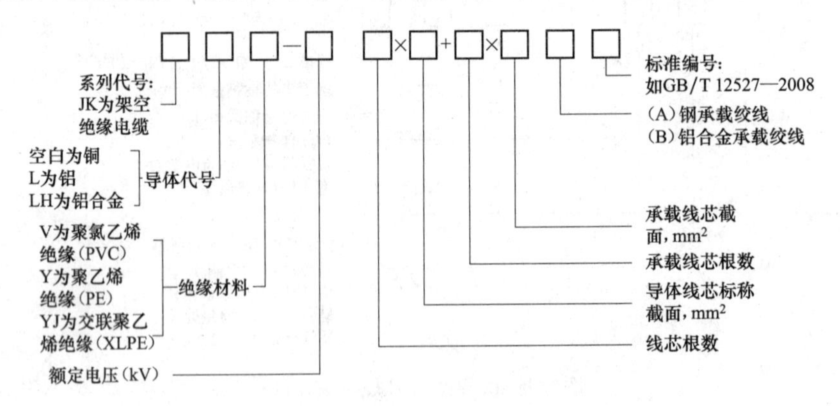

图 8-2　1kV 及以下架空绝缘电缆型号规格表示法

1kV 及以下低压架空绝缘电缆的常用型号见表 8-1。

表 8-1　**1kV 及以下低压架空绝缘电缆型号**

型　号	名　称	用　途
JKV	额定电压 1kV 铜芯聚氯乙烯绝缘架空电缆	架空固定敷设、进户线
JKY	额定电压 1kV 铜芯聚乙烯绝缘架空电缆	
JKYJ	额定电压 1kV 铜芯交联聚乙烯绝缘架空电缆	
JKLV	额定电压 1kV 铝芯聚氯乙烯绝缘架空电缆	
JKLY	额定电压 1kV 铝芯聚乙烯绝缘架空电缆	
JKLYJ	额定电压 1kV 铝芯交联聚乙烯绝缘架空电缆	
JKLHV	额定电压 1kV 铝合金芯聚氯乙烯绝缘架空电缆	
JKLHY	额定电压 1kV 铝合金芯聚乙烯绝缘架空电缆	
JKLHYJ	额定电压 1kV 铝合金芯交联聚乙烯绝缘架空电缆	

1kV 及以下架空绝缘电缆产品表示法举例：

(1) JKV—1　1×70　GB/T 12527—2008，表示额定电压 1kV 铜芯聚氯乙烯绝缘架空电缆，单芯，标称截面为 70mm²，符合 GB/T 12527—2008。

(2) JKLHYJ—1　4×16　GB/T 12527—2008，表示额定电压 1kV 铝合金芯交联聚乙

烯绝缘架空电缆，4 芯，标称截面为 16mm²，符合 GB/T 12527—2008。

(3) JKLY—1　3×35+1×50 (B)　GB/T 12527—2008，表示额定电压 1kV 铝芯聚乙烯绝缘架空电缆，4 芯，其中主线芯为 3 芯，其截面为 35mm²，承载中性导线为铝合金线，其截面为 50mm²，符合 GB/T 12527—2008。

2. 10kV 架空绝缘电缆型号规格表示法

10kV 架空绝缘电缆型号规格表示法如图 8-3 所示。

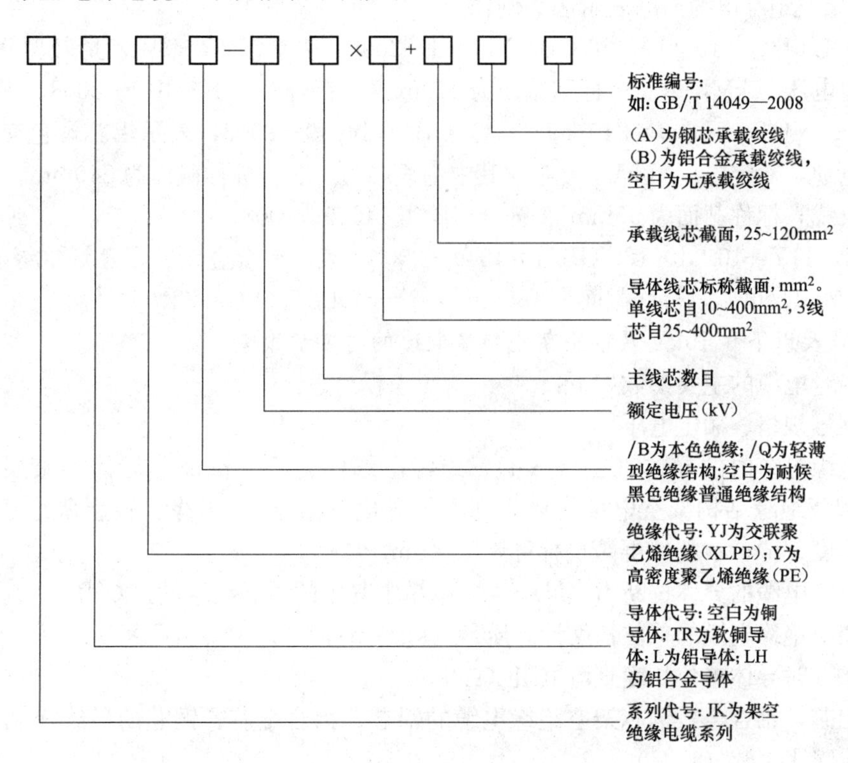

图 8-3　10kV 架空绝缘电缆型号规格表示法

10kV 架空绝缘电缆常用型号见表 8-2。

表 8-2　10kV 架空绝缘电缆常用型号

型　号	名　称	用　途
JKYJ	铜芯交联聚乙烯绝缘架空电缆	架空固定敷设 软铜芯产品用于变压器引下线 电缆架设时，应考虑电缆和树木保持一定距离；电缆运行时，允许电缆和树木频繁接触
JKTRYJ	软铜芯交联聚乙烯绝缘架空电缆	
JKLYJ	铝芯交联聚乙烯绝缘架空电缆	
JKLHYJ	铝合金芯交联聚乙烯绝缘架空电缆	
JKY	铜芯聚乙烯绝缘架空电缆	
JKTRY	软铜芯聚乙烯绝缘架空电缆	
JKLY	铝芯聚乙烯绝缘架空电缆	
JKLHY	铝合金芯聚乙烯绝缘架空电缆	
JKLYJ/B	铝芯本色交联聚乙烯绝缘架空电缆	架空固定敷设 电缆架设时，应考虑电缆和树林保持一定距离；电缆运行时，允许电缆和树木频繁接触
JKLHYJ/B	铝合金芯本色交联聚乙烯绝缘架空电缆	

续表

型号	名称	用途
JKLYJ/Q	铝芯轻型交联聚乙烯薄绝缘架空电缆	架空固定敷设 电缆架设时，应考虑电缆和树木保持一定距离；电缆运行时，只允许电缆和树木作短时接触
JKLHYJ/Q	铝合金芯轻型交联聚乙烯薄绝缘架空电缆	
JKLY/Q	铝芯轻型聚乙烯薄绝缘架空电缆	
JKLHY/Q	铝合金芯轻型聚乙烯薄绝缘架空电缆	

10kV 架空绝缘电缆产品表示法举例：

(1) JKLYJ/Q—10 1×120 GB/T 14049—2008，表示铝芯交联聚乙烯轻型薄绝缘架空电缆，额定电压 10kV，单芯，标称截面为 120mm²，符合 GB/T 14049—2008。

(2) JKLYJ/B—10 3×240＋95 (A) GB/T 14049—2008，表示铝芯本色交联聚乙烯绝缘架空电缆，额定电压 10kV，4 芯，其中主线芯为 3 芯，标称截面为 240mm²，承载绞线为镀锌钢绞线，标称截面为 95mm²，符合 GB/T 14049—2008。

(3) JKLHY—10 1×185 GB/T 14049—2008，表示铝合金线芯聚乙烯绝缘架空电缆，额定电压 10kV，单芯，标称截面为 185mm²，符合 GB/T 14049—2008。

3. 1kV 及以下和 10kV 及以下架空绝缘电缆的主要参数

架空绝缘电缆的主要参数如下：

(1) 型号规格、额定电压。

(2) 绝缘电缆内的导体直径 (mm)、绝缘电缆的外径 (mm)、导体屏蔽层最小厚度 (mm，轻型薄绝缘结构架空电缆导体表面无半导电屏蔽层)、绝缘（轻型薄绝缘、普通绝缘）标称厚度 (mm)、绝缘屏蔽层标称厚度 (mm)。

(3) 单芯电缆的导体拉断力 (N)，4 芯电缆中其中的承载绞线的拉断力 (N)。

(4) 架空绝缘电缆的单位长度计算质量 (kg/km)，订货时要求厂家提供。

(5) 20℃时导体单位长度直流电阻 (Ω/km)。

(6) 铝芯、铝合金、铜芯架空绝缘电缆的铝芯、铝合金芯、铜芯的最终弹性系数 (N/mm²) 和线膨胀系数 (1/℃)

(7) 低压单根 PVC（即聚氯乙烯）、PE（即聚乙烯）绝缘的架空绝缘电线（即电缆）在空气温度为 30℃时的长期允许载流量 (A)；10kV XLPE（交联聚乙烯）绝缘架空绝缘电线（绝缘厚度 3.4mm）在空气温度为 30℃时的长期允许载流量 (A)。10kV XLPE 绝缘架空绝缘电线（绝缘厚度为 2.5mm，即轻型薄绝缘）的长期允许载流量参照绝缘厚度为 3.4mm 的允许载流量。

(8) 当空气温度不是 30℃时架空绝缘电线长期允许载流量的温度校正系数。

由 DL/T 601—1996《架空绝缘配电线路设计技术规程》可以查取 (6)～(8) 项参数：

8.1.3 电力电缆型号规格表示法与主要参数

1. 电力电缆型号规格表示法

电力电缆型号规格表示法如图 8-4 所示。

注意：

(1) 内护套包括挤包的内衬层和隔离套。

(2) 弹性体内护套包括氯丁橡胶、氯磺化聚乙烯或类似聚合物为基料的护套混合料。若订货合同中未注明，则采用何种弹性体由制造厂确定。

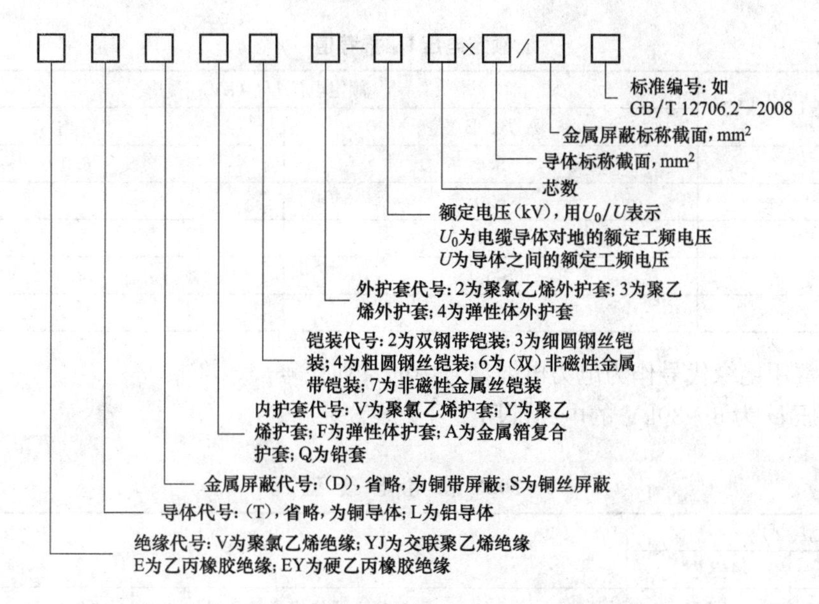

图 8-4　电力电缆型号规格表示法

（3）铠装代号中非磁性金属带包括非磁性不锈钢带、铝或铝合金带等。若订货合同中未注明，则采用何种非磁性金属带由制造厂确定。

（4）铠装代号中非磁性金属丝包括非磁性不锈钢丝、铜丝或镀锡铜丝、铜合金丝或镀锡铜合金丝、铝或铝合金丝等。若订货合同中未注明，则采用何种非磁性金属丝由制造厂确定。

（5）弹性体外护套包括氯丁橡胶、氯磺化聚乙烯或类似聚合物为基料的护套混合料。若订货合同中未注明，则采用何种弹性体由制造厂确定。

（6）电缆额定电压用U_0/U（U_m）表示，说明如下：U_0—电缆设计用的导体对地或金属屏蔽之间的额定工频电压；U—电缆设计用的导体之间的额定工频电压；U_m—设备可使用的系统电压的最大值（见 GB/T 156—2007《标准电压》）。

对于一种给定应用的电缆的额定电压应适合电缆所在系统的运行条件。为了便于选择电缆，将系统分为 A、B、C 三类。

1）A 类：该类系统任一相导体与地或接地导体接触时，能在 1min 内与系统分离。

2）B 类：该类系统可在单相接地故障时短时运行，接地故障时间按照 JB/T 8996—1999《高压电缆选择导则》规定应不超过 1h。对应于 B 类系统电缆，在任何情况下允许不超过 8h 的更长的带故障运行时间，任何一年接地故障的总持续时间应不超过 125h。

3）C 类：该类系统包括不属于 A 类、B 类的所有系统。

在 GB/T 12706.2—2008《第 2 部分：额定电压 6kV（U_m＝7.2kV）到 30kV（U_m＝36kV）电缆》之中，将电缆的额定电压U_0/U（U_m）表示为

$$U_0/U(U_m)=3.6/6(7.2)-6/6(7.2)-6/10(12)-8.1/15(17.5)-12/20(24)-18/30(36)\text{kV}$$

用于三相系统的电缆，设计用的导体对地或金属屏蔽之间额定电压 U_0 的推荐值见表 8-3。

表 8-3 额定电压 U_0 推荐值

系统最高电压 U_m（kV）	额定电压 U_0（kV）	
	A类、B类	C类
7.2	3.6	6.0
12.0	6.0	8.7
17.5	8.7	12.0
24.0	12.0	18.0
36.0	18.0	—

（7）通常用绝缘代号作为电力电缆型号中的系列代号。

额定电压 U 为 6～30kV 的电缆常用型号见表 8-4。

表 8-4 6～30kV 常用电缆型号

型号		名称
铜芯	铝芯	
VV	VLV	聚氯乙烯绝缘聚氯乙烯护套电力电缆
VY	VLY	聚氯乙烯绝缘聚乙烯护套电力电缆
VV22	VLV22	聚氯乙烯绝缘钢丝铠装聚氯乙烯护套电力电缆
VV23	VLV23	聚氯乙烯绝缘钢丝铠装聚乙烯护套电力电缆
VV32	VLV32	聚氯乙烯绝缘细钢带铠装聚氯乙烯护套电力电缆
VV33	VLV33	聚氯乙烯绝缘细钢带铠装聚乙烯护套电力电缆
YJV	YJLV	交联聚乙烯绝缘聚氯乙烯护套电力电缆
YJY	YJLY	交联聚乙烯绝缘聚乙烯护套电力电缆
YJV22	YJLV22	交联聚乙烯绝缘钢带铠装聚氯乙烯护套电力电缆
YJV23	YJLV23	交联聚乙烯绝缘钢带铠装聚乙烯护套电力电缆
YJV32	YJLV32	交联聚乙烯绝缘细钢丝铠装聚氯乙烯护套电力电缆
YJV33	YJLV33	交联聚乙烯绝缘细钢丝铠装聚乙烯护套电力电缆

10kV 电力电缆产品表示法举例：

1）铝芯交联聚乙烯绝缘铜带屏蔽钢带铠装聚氯乙烯护套电力电缆，额定电压 8.7/10kV、三芯、标称截面为 120mm²，型号规格表示为：YJLV22—8.7/10　3×120 GB/T 12706.2—2008。

2）交联聚乙烯绝缘铜丝屏蔽聚氯乙烯内护套钢带铠装聚氯乙烯护套电力电缆，额定电压为 8.7/10kV，单芯铜导体，标称截面积 240mm²，铜丝屏蔽，标称截面为 25mm²，型号规格表示为：YJSV22—8.7/10　1×240/25 GB/T 12706.2—2008。

2. 10kV 电力电缆主要参数

依据 GB 50168—2006《电气装置安装工程电缆线路施工及验收规范》和《电力电缆运行规程》（电力工业部［79］电生字 53 号）的规定，在电缆的施工与运行中，应掌握电力电缆的主要参数为：型号、额定电压、导体材料、芯数、标称截面、导体 20℃时的电阻、长期允许工作温度、长期允许载流量、系统短路时电缆允许温度和允许短路电流、最小允许弯曲半径、最大允许高差、电缆允许敷设的最低温度。

8.2　配电线路绝缘子的型号规格表示法与主要参数

8.2.1　针式和蝶形绝缘子的型号规格表示法

1. 低压针式和蝶形绝缘子的型号规格表示法

(1) 低压针式绝缘子型号规格表示法如图 8-5 所示。

举例：1 号低压针式绝缘子、铁担直脚，型号规格表示为 PD—1T。

(2) 低压蝶形绝缘子型号规格表示法如图 8-6 所示。

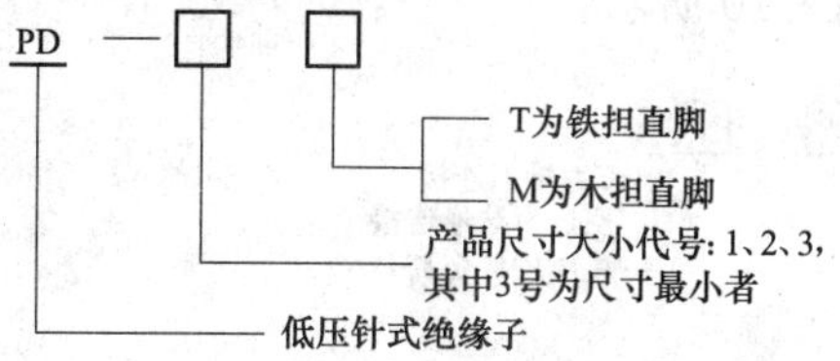

图 8-5　低压针式绝缘子型号规格表示法

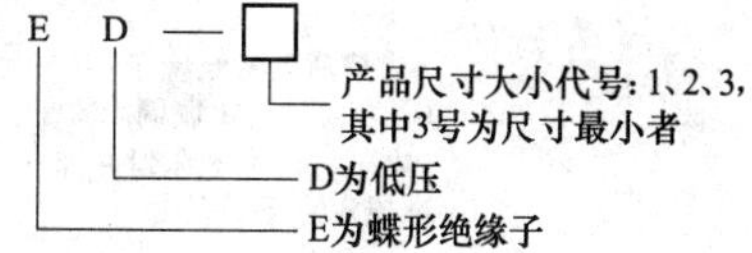

图 8-6　低压蝶形绝缘子型号规格表示法

举例：尺寸代号为 1，低压蝶形绝缘子，型号规格表示为 ED—1。

2. 10kV 高压针式绝缘子型号规格表示法（见图 8-7）

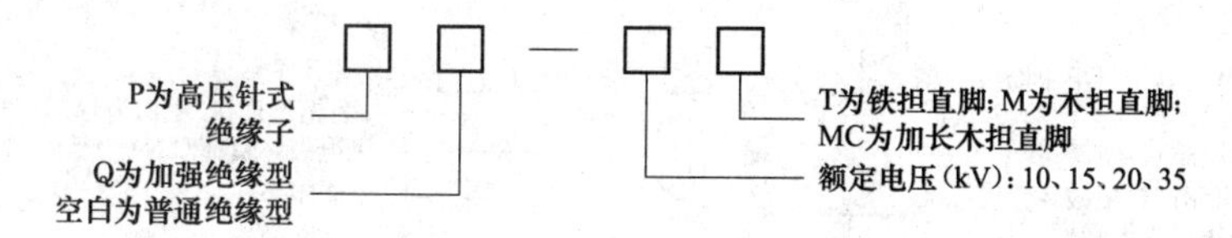

图 8-7　10kV 高压针式绝缘子型号规格表示法

举例：10kV 铁担直脚加强绝缘型针式绝缘子，型号规格表示为 PQ—10T。

8.2.2　瓷横担的型号规格表示法

陶瓷横担有两种型号规格表示法。

(1) 陶瓷横担型号规格的第一种表示法如图 8-8 所示。

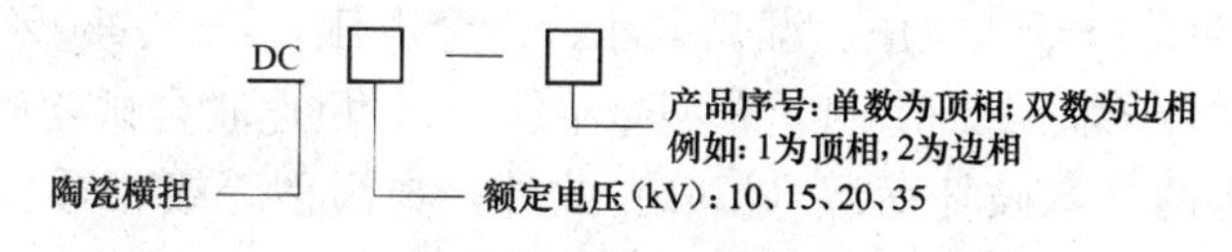

图 8-8　陶瓷横担型号规格表示法（一）

举例：额定电压 10kV 产品序号为 2 的陶瓷横担，型号规格表示为 DC10—2。

(2) 陶瓷横担型号规格的第二种表示法如图 8-9 所示。

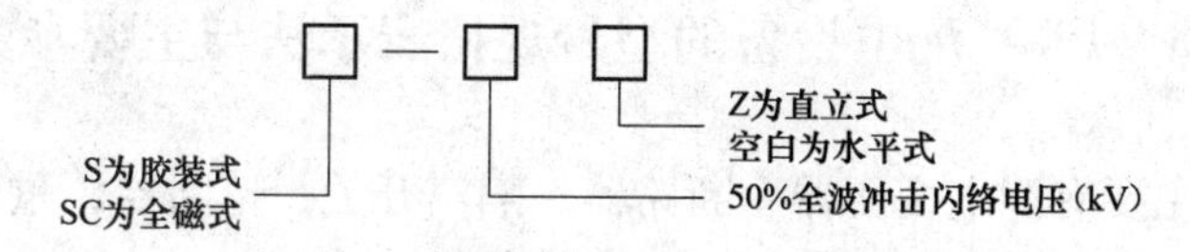

图 8-9　陶瓷横担型号规格表示法（二）

举例：50％全波冲击闪络电压分别为 185kV 和 210kV 的全磁式直立式的陶瓷横担型号

规格表示为 SC-185（Z）和 SC-210（Z）。

8.2.3 悬式绝缘子的型号规格表示法

1. 悬式绝缘子旧型号规格表示法

悬式绝缘子旧的型号规格有 X-3、X-3C、X-4.5、X-7、X-11、XW-4.5、XH4.5 等，其代号含义为：X 表示悬式瓷质绝缘子，XW 为双层伞防污型瓷质悬式绝缘子，XH 为盘形钟罩防污型瓷质悬式绝缘子；横线之后的数字表示悬式绝缘子 1h 机电试验负荷值，单位为 t；C 为槽形连接，球形连接不表示。

2. 悬式绝缘子新型号规格表示法

（1）普通型悬式绝缘子的型号规格表示法如图 8-10 所示。

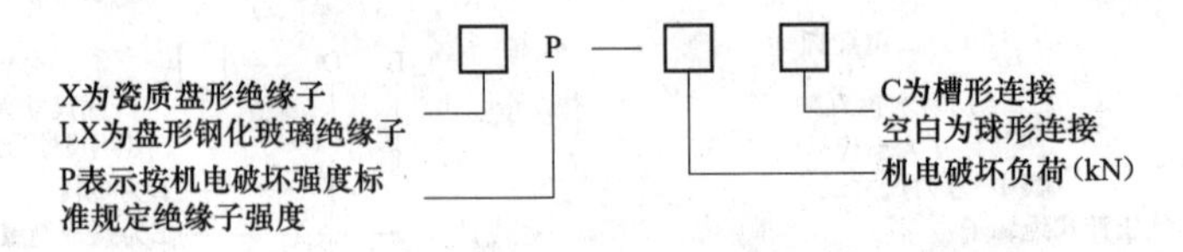

图 8-10 普通型悬式绝缘子型号规格表示法

举例：机电破坏负荷标准为 70kN 瓷质盘形悬式绝缘子，型号规格表示为 XP—70。

（2）防污型悬式绝缘子的型号规格表示法如图 8-11 所示。

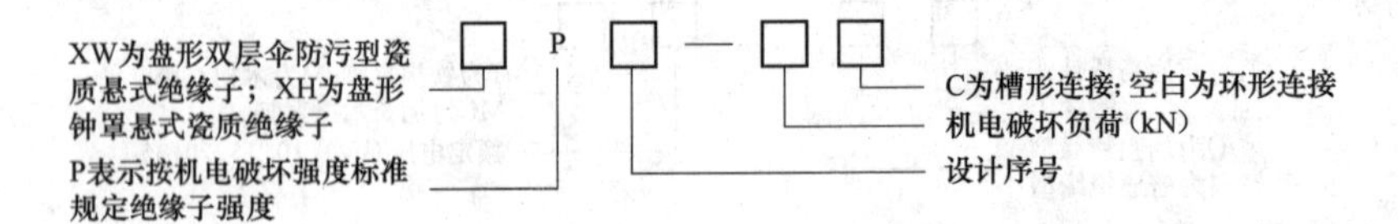

图 8-11 防污型悬式绝缘子型号规格表示法

举例：机电破坏负荷标准为 70kN，设计序号为 2 的瓷质盘形双层伞防污型悬式绝缘子，型号规格表示为 XWP2—70。

8.2.4 绝缘子的主要参数

绝缘子的主要参数包括绝缘子外形尺寸（高度、直径、泄漏距离，mm）、绝缘电阻（MΩ）、工频耐压有效值（干弧电压、湿弧电压、击穿电压，kV）、50%冲击闪络电压（幅值，kV）、1h 机电联合试验耐受值（t，老型号绝缘子）、机电联合试验破坏强度（kN）、针式绝缘子和陶瓷横担的受弯破坏荷载（kN）。此外，与污秽等级相适应的爬电比距（cm/kV）和高海拔地区的外绝缘耐压值的修正（在低于海拔 1000m 的地区生产高海拔地区使用的产品，并在生产地做耐压试验，在 1000m 海拔基础上，在使用地海拔每增加 100m，耐压试验值增加 1%）。

8.3 10kV 配电设备的型号规格表示法与主要参数

10kV 配电设备主要有配电变压器、断路器、隔离开关、熔断器、重合器、分段器等。

8.3.1 配电变压器的型号规格表示法和主要参数

1. 配电变压器型号规格表示法

配电变压器型号规格表示法如图 8-12 所示。

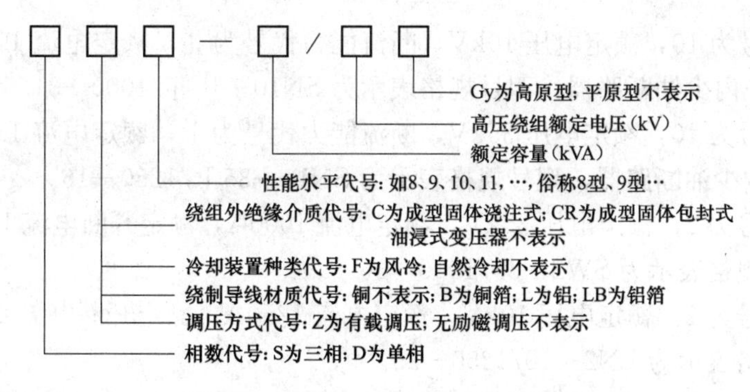

图 8-12 配电变压器型号规格表示法

举例：

(1) 性能水平为11（即11型），额定电压为10kV，额定容量为315kVA，铜芯三相油浸式配电变压器，型号规格表示为S11—315/10。

(2) 性能水平为11，铜芯，额定电压为10.5kV，额定容量315kVA，低压箔绕，三相环氧树脂浇注式干式变压器，适用海拔2000m（设计提出具体要求），型号规格表示为SCB11—315/10.5GY。

2. 配电变压器主要参数

配电变压器的主要参数标示于铭牌中，主要包括型号、绝缘耐热等级、高低压侧额定电压（kV）、高低压侧额定电流（A）、额定容量（kVA）、阻抗电压（%）、空载电流（%）、空载损耗（W）、负载或短路损耗（W）、温升（K）、调压范围、接线组别等。对于高海拔地区和污秽地区，要使用高原型产品和防污型产品。

8.3.2 高压断路器的型号规格表示法和主要参数

高压断路器的主要种类有高压真空断路器、SF_6 断路器、油断路器及其他断路器。因国家推行无油化断路器，故在新工程和改进工程中应使用真空断路器或 SF_6 断路器。

1. 高压断路器型号规格表示法

高压断路器型号规格表示法如图8-13所示。

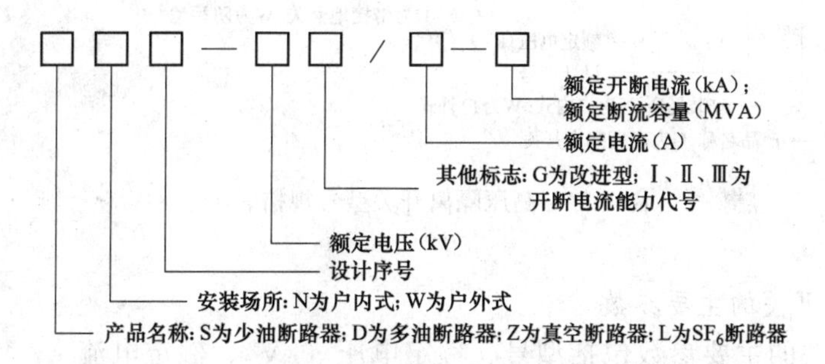

图 8-13 高压断路器型号规格表示法

举例：

(1) 设计序号为2，额定电压10kV，额定电流600A，额定开断电流11.6kA，使用环境为户内的真空断路器，型号规格表示为ZN2—10/600—11.6。

(2) 设计序号为10，额定电压10kV，断流能力代号为Ⅱ，额定电流1000A，额定开断电流31.5kA的户内少油断路器，型号规格表示为SN10—10Ⅱ/1000—31.5。

(3) 设计序号为10，额定电压35kV，断流能力代号为Ⅰ，额定电流1250A，额定开断电流16kA的户内少油断路器，型号规格表示为SN10—35Ⅰ/1250—16。

(4) 设计序号为2，额定电压35kV，额定电流1000A，额定开断电流16.5kA的户外少油断路器，型号规格表示为SW2—35/1000—16.5。

(5) 设计序号为2，额定电压10kV，额定电流1250A，额定开断电流25kA的户内SF_6断路器，型号规格表示为LN2—10/1250—25。

2. 高压断路器的主要参数

高压断路器的主要参数包括型号、额定电压（kV）、额定电流（A）、额定开断电流（kA）、额定断流容量（MVA）、热稳定电流（通常等于额定开断电流，kA）、动稳定电流（也称极限电流，kA）。

8.3.3 高压隔离开关的型号规格表示法和主要参数

1. 高压隔离开关型号规格表示法

高压隔离开关型号规格的表示法如图8-14所示。

举例：

(1) 设计序号为1，额定电压10kV，额定电流200A，极限通过电流峰值15kA，带接地开关，使用场所为户外的隔离开关，型号规格表示为GW1—10D/200—15。

(2) 设计序号为1，额定电压10kV，额定电流400A，极限通过电流峰值25kA，带接地开关，使用场所为户外，使用地区海拔高度2000m的隔离开关，型号规格表示为GW1—10D/400—25G。

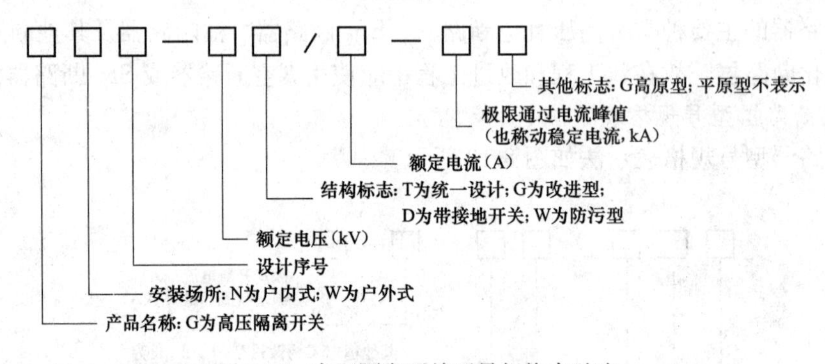

图8-14 高压隔离开关型号规格表示法

2. 高压隔离开关的主要参数

高压隔离开关的主要参数包括型号、额定电压（kV）、额定电流（A）、极限电流峰值（又称动稳定电流，kA）以及与污秽等级、海拔高度相适应的爬电比距（泄漏距离，cm/kV）和高海拔修正。

8.3.4 高压熔断器的型号规格表示法和主要参数

架空电力线路用高压熔断器俗称高压跌落式熔断器，它兼有电力线路、设备短路保护和高压隔离开关的作用。

1. 高压熔断器型号规格表示法

高压熔断器型号规格的表示法如图 8-15 所示。

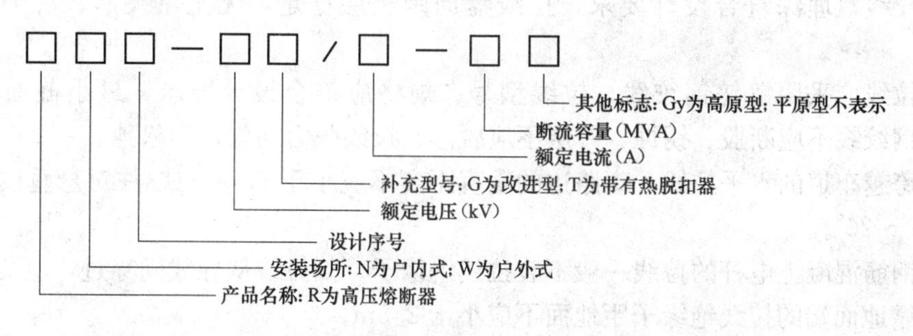

图 8-15　高压熔断器型号规格表示法

举例：

(1) 设计序号为 3，额定电压为 10kV，额定电流为 100A，断流容量为 100MVA，使用场所为户外，改进型高压熔断器，型号规格表示法为 RW3—10G/100—100。

(2) 设计序号为 4，额定电压为 10kV，额定电流为 200A，断流容量为 200MVA，使用场所为户外，使用地区海拔高度为 2000m 的高压熔断器，表示为 RW4—10/200—200GY。

2. 高压熔断器主要参数

高压熔断器的主要参数为：型号、额定电压（kV）、额定电流（A）、额定断流容量（MVA）以及与污秽等级、海拔高度相适应的爬电比距（cm/kV）和海拔参数修正。

8.3.5　重合器与分段器的基本功能

重合器一般安装在配电线路电线杆柱上，不需专门另设控制室、高压配电室、继电保护屏、电源柜、高压开关等设备。重合器是具有多次重合功能和自具功能的开关设备，是一种能检测故障电流，在给定时间内遮断故障电流进行给定次数重合的控制装置。所谓重合器具有自具功能，是指它具有两个方面的功能：①自带控制和操作电源（如高效锂电池）；②操作不受外界继电控制，而由微机处理器控制。

分段器一般安装在配电线路电线杆柱上。分段器是线路自动分段器的简称。分段器也是一种自具功能的开关设备，是一种与线路电源侧前级开关设备（如重合器）相配合，在无电压或无电流的情况下自动分闸的开关设备。就是说不能用分段器切断故障电源，但在符合预定的分段器分闸条件下，在电源侧前级开关设备（如重合器）将故障线路切断的瞬间，分段器便自动分闸，将故障线路段与供电电源隔离。

前面介绍的是重合器和分段器的基本功能。有关重合器和分段器的型号规格表示法和主要参数，请自行查阅产品说明书和其他有关资料。

8.4　配电线路的验收

8.4.1　架空配电线路运行标准

1. 杆塔与基础的运行标准

(1) 铁塔的浇制混凝土基础表面水泥不应脱落，钢筋不应外露；基础周围的土层稳定，无坍塌、缺土、突起现象；地（底）脚螺栓应采用双螺帽，螺帽拧紧后螺栓端部与螺帽至少持平。

（2）拉线盘埋深符合设计要求，拉线盘周围土层稳定，无土壤突起、沉陷、缺土等现象。

（3）拉线应采用镀锌钢绞线，拉线型号、规格应符合设计要求，最小截面不应小于 $25mm^2$。钢绞线不应断股、锈蚀，锌层不应脱落。拉线张力均匀，不松弛。

（4）跨越车道的水平拉线，离路边的垂直距离不应小于 6m。拉线柱对悬垂线的倾斜角一般取 10°～20°。

（5）钢筋混凝土电杆的拉线一般不装拉线绝缘子。如拉线从导线间穿过，应装设拉线绝缘子，在靠地面端的拉线绝缘子距地面不应小于 2.5m。

（6）圆钢拉线棒应热镀锌，其直径不应小于 16mm。拉线棒无严重锈蚀，被锈蚀而减少的直径不应超过 2mm。

（7）钢筋混凝土电杆的埋设深度应符合设计要求。无明确设计要求值时，电杆埋设深度不应小于表 8-5 的规定。

表 8-5　混凝土电杆埋设深度（m）

杆高	8.0	9.0	10.0	11.0	12.0	13.0	15.0
埋深	1.5	1.6	1.7	1.8	1.9	2.0	2.3

（8）整基杆塔和基础的地质环境应稳定，无滑坡、无山洪冲刷、无被车辆碰撞及其他危及杆塔安全运行的现象。

（9）普通钢筋混凝土杆不应有严重裂纹、流铁锈水等现象，保护层不应脱落、酥松、钢筋外露，不应有纵向裂纹，横向裂纹不应超过 1/3 电杆周长，裂纹宽度不宜大于 0.5mm。

预应力钢筋混凝土杆不应有纵向、横向裂纹。

（10）铁塔不应严重锈蚀，主材弯曲度不得超过 5‰，各部螺栓应紧固。

（11）钢筋混凝土杆的铁横担及铁件等无严重锈蚀，不应生锈起皮，不应出现严重麻点，锈蚀表面积不宜超过 1/2。

（12）直线杆的单横担应装于受电侧，分支杆、90°转角杆（上、下）及终端杆的单横担装于拉线侧。

横担上、下倾斜和左右偏歪不应大于横担长度的 2%。

（13）10kV 及以下多回路杆塔和不同电压级同杆架设的杆塔，横担间的最小距离应符合表 8-6 的规定。采用绝缘导线的线路，横担间的距离由地区运行经验确定。

表 8-6　横担间最小垂直距离（m）

组合方式	直线杆	转角或分支杆
10kV 与 10kV	0.8	0.45/0.6
10kV 与 0.38/0.22kV	1.2	1.0
0.38/0.22kV 与 0.38/0.22kV	0.6	0.3

注　表中 0.45/0.6 是指距上面的横担 0.45m，距下面横担 0.6m。

（14）杆塔偏离线路中心线不应大于 0.1m。

（15）杆塔的倾斜不应超过下列规定：

1）混凝土杆的倾斜（包括挠度）：直线杆、转角杆不应大于15‰；转角杆不应向内角侧倾斜，终端杆不应向导线侧（即受力侧）倾斜，可向拉线侧倾斜。向拉线侧倾斜应小于0.2m。

2）铁塔的倾斜度：50m以下高度的铁塔，倾斜度不应大于10‰。

（16）接户线的支持构架应牢固，无严重锈蚀、腐朽。

（17）杆塔上的标志应齐全、清楚。杆塔上的主要标志有线路名称、杆塔编号、回路色标、相别的相色、接地线标识（涂黑色或黄绿相间的颜色）、安全警示标志牌（语）。

2. 导线与地线的运行标准

（1）在多雷区，10kV混凝土杆线路可架设地线，或在三角形排列的中性线上装设避雷器；当采用铁横担时宜提高绝缘子等级，绝缘导线铁横担线路可不提高绝缘子等级。

（2）对于架空电力线路，在一般地区宜采用裸导线。但城市配电网的10kV及以下架空电力线路，在下列情况下可采用绝缘导线：

1）线路走廊狭窄，与建筑物之间的距离不能满足安全要求的地段。

2）高层建筑邻近地段。

3）繁华地段或人口密集地区。

4）游览区和绿化区。

5）空气严重污秽地区。

6）建筑施工现场。

（3）通过导线的负荷电流不应超过其允许电流。线路的供电电能质量应符合规定。

（4）导、地线接头无变色和严重腐蚀，连接线夹螺栓应紧固（接头运行标准见本小节4. 金具的运行标准）。

（5）导、地线断股损伤及腐蚀等的处理参照以下规定处理（DL/T 741—2010《架空输电线路运行规程》）：

1）钢芯铝绞线、钢芯铝合金线：断股损伤面积在铝股或合金股总面积的7%以下时，用缠绕或护线预绞丝处理（简称缠绕法）；在7%～25%时，用补修管或补修预绞丝补修（简称补修法）；在25%以上和钢芯断股时，切断重接。

2）铝绞线、铝合金线：断股损伤面积在总面积7%以下时，用缠绕法处理；在7%～17%时，用补修法处理；在17%以上时，切断重接。

3）架空地线镀锌钢绞线：19股断1股时，用缠绕法处理；7股断1股、19股断2股时，用补修法处理；7股断2股、19股断3股时，切断重接。

导地线出现腐蚀、外层脱落或呈疲劳状态时，应取样进行强度试验。若试验值小于原破坏值的80%，应换线。

（6）每相导线过引线，引下线对邻相导线、过引线、引下线的净空距离，10kN不小于0.3m，0.38/0.22kV不小于0.15m。导线过引线、引下线对电杆构件、拉线、电杆间的净空距离，10kV，不小于0.2m，0.38/0.22kV，不小于0.1m。

10kV引下线与0.38/0.22kV的线间距离不应小于0.2m。

（7）三相导线弛度应力求一致，弛度误差应在设计值的－5%～＋10%之内；一般档距弛度相差不应超过50mm。

（8）10kV及以下杆塔的最小线间距离应符合表8-7的规定。采用绝缘导线的杆塔，其最小线间距离可结合地区运行经验确定。

表 8-7 **10kV及以下杆塔最小线间距离**

线路电压（kV）	线间距离								
	档距（m）								
	40及以下	50	60	70	80	90	100	110	120
10	0.6	0.65	0.7	0.75	0.85	0.9	1.0	1.05	1.15
0.38/0.22	0.3	0.4	0.45	0.5	—	—	—	—	—

0.38/0.22kV线路，靠近电杆的两导线间的水平距离不应小于0.5m。

0.38/0.22kV沿墙敷设的绝缘导线，当档距不大于20m时，其线间距离不宜小于0.2m。

(9) 3～66kV多回路杆塔，不同回路的导线间的最小的距离：35kV，为3.0m；10kV，为1.0m。

采用绝缘导线时，不同回路的导线间距离可结合地区运行经验确定。

(10) 35kV与10kV同杆共架的线路，不同电压级导线间的垂直距离不应小于2m。

(11) 10kV及以下架空电力线路的档距，可采用表8-8的数值。

表 8-8 **10kV及以下架空电力线路的档距**

区 域	档距（m）	
	线路电压10kV	线路电压0.38/0.22kV
市 区	40～50	40～50
郊 区	50～100	40～60

(12) 导线与地面的最小距离，在最大计算弧垂情况下，应符合表8-9的规定。

表 8-9 **导线与地面的最小距离**

线路经过区域	最小距离（m）		
	线路电压0.38/0.22kV	线路电压10kV	线路电压35kV
居民区	6.0	6.5	7.0
非居民区	5.0	5.5	6.0
交通困难地区	4.0	4.5	5.0

注 居民区即是人口密集地区；非居民区即是人口稀少地区。

(13) 导线与山坡、峭壁、岩石间的最小距离，在最大计算风偏情况下，应符合表8-10的规定。

表 8-10 **导线与山坡、峭壁、岩石间的最小距离**

线路经过地区	最小距离（m）		
	线路电压0.38/0.22kV	线路电压10kV	线路电压35kV
步行可以到达的山坡	3.0	4.5	5.0
步行不能到达的山坡、峭壁、岩石	1.0	1.5	3.0

(14) 导线与建筑物之间的垂直距离，在最大计算弧垂情况下，应符合以下规定：0.38/0.22kV，为2.5m；10kV，为3.0m；3.5kV，为4.0m。

(15) 线路在最大计算风偏情况下，边导线与城市多层建筑或规划建筑线间的最小水平距离，以及边导线与不在规划范围内的城市建筑物间的最小距离应符合以下规定：0.38/0.22kV，为1.0m；10kV，为1.5m；35kV，为3.0m。

线路边导线与不在规划范围内的城市建筑物间的水平距离，在无风情况下不应小于上述数值的50%，即应为：0.38/0.22kV，为0.5m；10kV，为0.75m；35kV，为1.5m。

（16）导线与树木（考虑自然生长高度）之间的最小垂直距离应符合以下规定：0.38/0.22kV，为3.0m；10kV，为3.0m；35kV，为4.0m。

（17）导线与公园、绿化区域或防护林带的树木之间的最小距离，在最大计算风偏情况下应符合以下规定：0.38/0.22kV，为3.0m；10kV，为3.0m；35kV，为3.5m。

（18）导线与果树、经济作物或城市绿化灌木之间的最小距离，在最大计算弧垂情况下应符合下列规定：0.38/0.22kV，为1.5m；10kV，为1.5m；35kV，为3.0m。

（19）导线与街道、行道树之间的最小距离应符合表8-11的规定。

表8-11　导线与街道、行道树之间的最小距离

检验状况	最小距离（m）		
	线路电压0.38/0.22kV	线路电压10kV	线路电压35kV
最大计算弧垂情况下的垂直距离	1.0	1.5	3.0
最大计算风偏情况下的水平距离	1.0	2.0	3.5

（20）架空电力线路与铁路、道路、河流、管道、索道及各种架空线路交叉时的最小垂直距离应符合表8-12的规定。

表8-12　架空电力线路与铁路、道路等交叉时的最小垂直距离（m）

<table>
<tr><th colspan="2" rowspan="2">被跨越物名称</th><th colspan="3">线路电压</th><th rowspan="2">备　注</th></tr>
<tr><th>35kV</th><th>10kV</th><th>0.38/0.22kV</th></tr>
<tr><td rowspan="2">标准轨铁路</td><td>轨顶</td><td>7.5</td><td>7.5</td><td>7.5</td><td></td></tr>
<tr><td>承力索或接触线</td><td>3.0</td><td>—</td><td>—</td><td></td></tr>
<tr><td colspan="2">窄准轨铁路轨顶</td><td>7.5</td><td>6.0</td><td>6.0</td><td></td></tr>
<tr><td colspan="2">公路和道路</td><td>7.0</td><td>7.0</td><td>6.0</td><td></td></tr>
<tr><td rowspan="2">电车道（有轨）</td><td>路面</td><td>10.0</td><td>9.0</td><td>9.0</td><td></td></tr>
<tr><td>承力索或接触线</td><td>3.0</td><td>3.0</td><td>3.0</td><td></td></tr>
<tr><td rowspan="2">通航河流</td><td>至常年高水位</td><td>6.0</td><td>6.0</td><td>6.0</td><td rowspan="2">常年高水位为5年一遇洪水位</td></tr>
<tr><td>至最高航行水位的最高船桅顶</td><td>2.0</td><td>1.5</td><td>1.0</td></tr>
<tr><td rowspan="2">不通航河流</td><td>至最高洪水位</td><td>3.0</td><td>3.0</td><td>3.0</td><td rowspan="2">对于35kV线路，为百年一遇洪水位，对于10kV及以下线路，为50年一遇洪水位</td></tr>
<tr><td>冬季至水面</td><td>6.0</td><td>5.0</td><td>5.0</td></tr>
<tr><td colspan="2">架空明线弱电线路</td><td>3.0</td><td>2.0</td><td>1.0</td><td>电力线路应架在上方，交叉点应靠近杆塔但不应小于7m（市内除外）</td></tr>
<tr><td colspan="2">电力线路</td><td>3.0</td><td>2.0</td><td>1.0</td><td>电压较高线路应架在电压较低线路上方，电压相同时公用线应在专用线上方</td></tr>
</table>

续表

被跨越物名称		线路电压			备注
		35kV	10kV	0.38/0.22kV	
管道、索道	特殊管道	4.0	3.0	1.5	1. 与索道交叉，如索道在上方，索道下方应装设保护措施； 2. 交叉点不应选在管道检查井（孔）处； 3. 与管、索道平行、交叉时，管、索道应接地
	一般管道、索道	3.0	2.0	1.5	

注 1. 公路和道路包括高速公路和一、二级公路及城市一、二级道路；三、四级公路和城市三级道路

2. 特殊管道是指架设在地面上输送易燃、易爆物的管道。

3. 管、索道上的附属设施应视为管、索道的一部分。

(21) 架空电力线路与铁路、道路、河流、管道、索道等交叉或接近的最小水平距离，应符合表 8-13 的规定。

表 8-13 架空电力线路与铁路、道路、河流、管道等交叉或接近的最小水平距离（m）

被交叉或接近的物体名称		线路电压		
		35kV	10kV	0.38/0.22kV
杆塔外缘至铁路轨道中心	交叉	30	5	5
	平行	最高杆（塔）高加 3m		
杆塔外缘至公路和道路路基边缘	开阔地区	交叉：8.0 平行：最高杆塔高	0.5	0.5
	路径受限制地区	5.0	0.5	0.5
	市区内	0.5	0.5	0.5
杆塔外缘至电车道路基边缘	开阔地区	交叉：8.0 平行：最高杆塔高	0.5	0.5
	路径受限制地区	5.0	0.5	0.5
边导线至河流斜坡上缘（线路与拉纤小路平行）		最高杆塔高		
电力线路导线与弱电线路边导线间	开阔地区	最高杆塔高		
	路径受限制地区	4.0	2.0	1.0
架空电力线至被跨越电力线	开阔地区	最高杆塔高		
	路径受限制地区	5.0	2.5	2.5
边导线至管道、索道的任何部分	开阔地区	最高杆塔高		
	路径受限制地区	4.0	2.0	1.0

(22) 在下列跨越档内，导、地线不得有接头：标准轨距的铁路，高速公路，一、二级公路及城市一、二级道路，电车道，通航河流，一、二级架空明线弱电线路，35kV 及以上电力线路，特殊管道。

在其他跨越档内，可有一个导、地线接头。

(23) 在交叉跨越档内，电力线路的导线最小截面为：35kV 及以上架空电力线路，采用钢芯铝绞线时为 $35mm^2$；10kV 及以下采用铝绞线或铝合金线时为 $35mm^2$，采用其他导线时为 $16mm^2$。

(24) 各种架空电力线路的下列跨越档中，两侧的直线杆塔上的导线必须采用双固定方式：铁路，高速公路和一、二级公路及城市一、二级道路，电车道，通航河流，特殊管道，一般管道、索道。

10kV及以下架空电力线路跨越一、二级架空明线弱电线路时，跨越档两侧直线杆塔的导线采用双固定方式。

10kV架空电力线路跨越6～10kV电力线路时，跨越档两侧直线杆塔的导线采用双固定方式。

(25) 接户线的绝缘层应完整，无剥落、开裂等现象；导线不应松弛，每根导线的接头不应多于1个，且应采用同一型号导线相连接。

3. 绝缘子的运行标准

(1) 应根据污秽等级和规定的泄漏比距来选择绝缘子的型号，验算表面尺寸。

《中国南方电网城市配电网技术导则》规定：城市配电网10kV架空电力线路直线杆塔的绝缘子和其他杆塔的跳线绝缘子宜采用针式绝缘子或瓷横担绝缘子；在重污秽及沿海地区，采用绝缘导线铁横担时，其绝缘水平取15kV；采用裸导线铁担时其绝缘水平取20kV。

10kV架空线路宜采用由2片X—3C型组成的耐张绝缘子串。

低压架空线路可采用1片X—3C型作耐张绝缘子，低压小导线可采用蝶形绝缘子作耐张绝缘子。

(2) 绝缘子、瓷横担应无裂纹、伞裙破损、瓷釉烧坏，严重污秽结垢及釉面剥落面积不应大于100mm²；瓷横担槽外端头釉面剥落面积不应大于200mm²；铁脚无弯曲，铁件无严重蚀。

4. 金具的运行标准

(1) 接线金具、耐张线夹、连接板等金具本体不应出现变形、锈蚀、烧伤、裂纹，强度不应低于额定值的80%。

(2) 导线直线压接管有下列现象即为不合格：

1) 外观鼓包、裂纹、烧伤、滑移或出口处断股、弯曲度超过管长2%。

2) 与同样长度导线的电压降或电阻的比值大于1.2（DL/T 741—2010《架空输电线路运行规程》）。

3) 直线压接管的温度高于相邻导线温度10℃。

4) 直线压接管距导线固定点的距离小于0.5m，当有防振装置时，直线压接管应在防振装置以外。

5) 导线并沟线夹、跳线引流线连接板、不同金属连接过渡板、缠绕等接头的螺栓松动、缠绕不实、导线断股、烧伤、过热变色、温度高于相邻导线10℃，即认为上述接头不合格。

5. 接地装置的运行标准

(1) 有地线的杆塔应接地，在雷季地面干燥时工频接地电阻不宜超过规程规定值。

小电流接地系统（10、35kV线路）无地线的杆塔在居民区宜接地。

(2) 配电变压器低压侧的中性点须接地；在低压配电线路的干线终端和分支线终端以及沿线每隔1000米处的中性线应重复接地；低压配电线路在进入车间或大型建筑物处的中性线应重复接地。

(3) 安装在10kV配电线路上的柱上开关、隔离开关、跌落式熔断器、重合器、分段器金属外壳或基座、避雷器接地端以及配变站、开关站内设备的金属外壳和互感器的二次绕组等应接地。

(4) 电气设备金属外壳的外敷的接地引下线可采用镀锌钢绞线，其截面不应小于25mm²。接地体的引出线或电气设备金属外壳的接地引下线（入地部分）的截面不应小于50mm²（相当于直径为8mm的圆钢），并应采用热镀锌。

接地引下线不应与电气设备金属外壳断开或与接地体接触不良及断开。在地面下方附近的接地引下线应无严重锈蚀，不出现断开情况。

（5）接地体不应外露和出现严重腐蚀现象，被腐蚀后其导体截面不应小于原截面的80%。接地体的埋设深度应符合设计规定。无规定时，接地体的顶面至地面的距离不宜小于0.6m；埋设在耕地里的接地体其埋设深度应在耕作深度以下。

（6）配电线路上各处接地的接地电阻值详见LE13之13.3子单元的表13-3配电线路的各种接地及其工频接地电阻值。

8.4.2 配电电缆线路运行标准

1. 配电电力电缆线路应满足的基本要求

（1）低油压充油电缆的长期允许油压为4.9～29.4N/cm²（原计量单位为0.5～3kgf/cm²，1kgf=9.80665N）。

（2）电力电缆线路的最高点和最低点之间的允许高度差不应超过表8-14的规定。

表8-14　电力电缆线路的最高点和最低点之间的最大允许高度差

电压（kV）	有无铠装	铅包（m）	铝包（m）
1～3	有铠装 无铠装	25 20	25 25
6～10 20～35	铠装或无铠装	15 5	20

注 1. 水底电缆线路的最低点是指最低水位的水平面；
2. 橡胶和塑料电缆的最大高度差不受本表限制；
3. 充油电缆的允许高度差根据其长期允许油压来确定。

（3）电缆线路的最高点和最低点的水平差超过表8-14规定者，可采用塞止式接头。

（4）电缆的弯曲半径不应小于下列规定：

1）绝缘多芯电力电缆（铅包、铠装）：15倍电缆外径。

2）纸绝缘单芯电力电缆（铅包、铠装或无铠装）：20倍电缆外径。

3）铅包电缆、橡皮绝缘和塑料绝缘电缆及控制电缆（铅包或塑料护层）按制造厂规定。

（5）不允许将三芯电缆中的一芯接地运行。在三相系统中，用单芯电缆时，三根单芯电缆之间距离的确定，要结合金属护层或外屏蔽层的感应电压和由其产生的损耗、一相对地击穿时危及邻相的可能性、所占线路通道宽度以及便于检修等各种因素全面考虑。

除了充油电缆和水底电缆外，单芯电缆的排列应尽可能组成紧贴的正三角形。

（6）单芯电缆的铅包只在一端接地时，在铅包的另一端的正常感应电压一般不应超过65V。当铅包的正常感应电压超过65V时，应对易于与人身接触的裸露的铅包及与其相连的设备加以适当的遮蔽，或采用将铅包分段绝缘后对三相铅包加以互连的方法。

单芯电缆如有加固铅包的金属加强带，则加强带应和铅包连接在一起，使两者处于同一电位；有铠装丝的单芯电缆如无可靠的外护层时，则这种单芯电缆在任何场合都应将铅包和铠装丝的两端接地。

（7）单芯电缆线路的铅包只有一点接地时，其最大感应电压接近护层绝缘击穿强度的各点都应加装护层绝缘保护器，如采用非线性阀片、球间隙等。

单芯电缆线路如连接架空线，而铅包只有一点接地时，应优先考虑在架空线的一侧接地。

单芯电缆线路的铅包只有一点接地时，宜考虑并行敷设一根两端接地的绝缘回流线；回流线的阻抗，尽可能匹配最大零序电流和其对回流线的感应电压。回流线的排列应使其在工作电流时形成的损耗最小；只有当对邻近信号线路无干扰影响时，才可不敷设回流线。

(8) 三相线路使用单芯电缆或分相铅包电缆时，每相周围无紧靠的铁件构成的铁磁环路。

(9) 电缆线路的正常工作电压，一般不应超过电缆额定电压的15%。电缆线路升压运行，必须经过试验、鉴定，并经上级部门批准。

(10) 在电缆中间接头和终端接头处，电缆的铠装、铅包和金属接头盒均应有良好的电气连接，使其处于同一电位。在电缆的两端应按GB 50169—2006《电气装置安装工程接地装置施工及验收规范》的规定接地。

2. 电力电缆本体运行标准

(1) 电缆本体无损伤、无异常发热、无老化、无腐蚀、无异常变形，电缆线路上无异物。

(2) 电缆本体在电缆支架上摆放稳固、整齐，没有交叉。

(3) 电缆本体不能浸没在水中。

(4) 架空的电力电缆线路不能悬空，也不能悬挂其他异物。电缆支架、承力钢索和电缆挂钩没有变形、生锈、腐蚀、老化和构件丢失。

(5) 原则上不允许电缆过负荷，即使在事故时出现过负荷也应迅速恢复其正常电流。常用10kV电缆的长期允许载流量见表8-15；电缆导体的长期允许工作温度见表8-16。

表8-15　　常用10kV电缆的长期允许载流量

规格型号	空气中（25℃）长期允许载流量（A）
YJV 22—8.7/10kV－3×300	552
YJV 22—8.7/10kV－3×240	480
YJLV 22—8.7/10kV－3×240	369
YJV 22—8.7/10kV－3×185	398
YJLV 22—8.7/10kV－3×185	317
YJV 22—8.7/10kV－3×150	360
YJLV 22—8.7/10kV－3×150	283
YJV 22—8.7/10kV－3×120	317
YJV 22—8.7/10kV－3×95	273
YJV 22—8.7/10kV－3×70	235
ZLQD 22—8.7/10kV－3×240	335
ZLQD 22—8.7/10kV－3×185	280

表8-16　　电缆导体的长期允许工作温度（℃）

电缆种类	允许工作温度（℃）		
	35kV	1kV	10kV
天然橡胶绝缘	65	—	—
黏性纸绝缘	80	60	50

续表

电缆种类	允许工作温度（℃）		
	1kV	10kV	35kV
聚氯乙烯绝缘	65	—	—
聚乙烯绝缘	—	70	—
交联聚乙烯绝缘	90	90	80
充油纸绝缘	—	—	75

3. 电缆附件运行标准

（1）电缆附件上无异物、密封良好、无损伤、无异常发热、无老化、无腐蚀、无变形等。电缆接线盒、终端盒的金属外壳、电缆外皮等接地良好。

（2）电缆附件各部位电气连接良好，在电缆支架上受力合理，摆放稳固，电缆牌没有丢失。

（3）终端头的带电裸露部分之间的距离及至接地部分的距离应满足表 8-17 的要求。接线端子没有异常发热，终端头与杆塔的连接构件没有脱落，连接牢固。

表 8-17　电缆终端头带电裸露部分之间及至接地部分的距离（mm）

电压（kV）	1	10	35
户内	75	125	300
户外	200	200	400

（4）电缆附件不能浸没在水中。

4. 电缆线路辅助设施运行标准

电缆的辅助设施是指电缆终端支架、电缆支架、接地线、铸铁护管等。电缆终端支架、电缆支架、接地线、铸铁护管等辅助设施无锈蚀、变形、裂纹、丢失、断脱等现象，各部件连接牢固，没有脱落。

5. 电缆分支箱运行标准

（1）分支箱基座完好。

（2）分支箱的门锁完好。

（3）分支箱的通风和防漏情况良好。

（4）分支箱的箱体和金属部件连接牢固，无脱落、锈蚀、变形、裂纹、丢失现象。

6. 电缆排管、沟道运行标准

（1）电缆排管和沟道土建设施，其地表没有下陷、变形、积水等情况。水泥盖板、窨井盖板及其基座完好。排管工井和电缆沟内墙壁无变形，无渗漏，无积污、积水。

（2）排管工井和沟道内及其周围，没有易燃、易爆或腐蚀性物品，也没有引起温度持续升高的设施。

（3）排管和沟道的路径应保持畅通，如被建筑物占用或其他物体覆盖，应及时发放违章通知书，令其及时整改。

7. 电缆线路防火和防腐蚀运行标准

（1）在电缆隧道、电缆沟、电缆夹层、电缆桥等电缆穿墙或穿洞处，应用防火堵料紧密封堵。

（2）电缆应没有出现腐蚀现象。

8.4.3　配电设施和设备运行标准

1. 双柱式变压器台架运行标准

（1）台架式变压器的台架（固定变压器底盘）高度不应小于2.5m。变压器油箱的底座应安装在支架上，应用镀锌8号铁线将油箱上部绑牢在电杆上。柱上应设有警告标志。

（2）安装在台架上的跌落式熔断器对地高度不应小于4.5m，熔断器之间的水平距离不小于0.5m，熔丝管轴线与地面垂直线的夹角为15°～30°。

（3）落地式变压器台的围墙（围栏）和门、门锁完好，并有安全警告标示。落地式变压器台（基础）应高于当地最高洪水位，但不得低于0.3m，基础完好，无倒塌可能。

（4）台架周围无丛生杂草、杂物堆积，无生长较高的可能接近带电体的农作物、蔓藤类植物。

2. 配电变压器运行标准

（1）配电变压器铭牌完好；变压器外壳上应悬挂名称、编号的标示牌；变压器高、低压两侧的相导线应涂上相色。

（2）套管清洁，无裂纹、损伤、放电痕迹。

（3）变压器油温、油色、油面正常，无异声、异味。正常的油色是淡黄色或浅红色，透明。若呈深暗色、透明性差，表明油质变坏。正常的变压器油无气味或略有煤油味。若有焦味表明有水分，若有酸味表明油已严重老化。

（4）呼吸器无堵塞现象；呼吸器中的变色硅胶颜色正常。干燥的硅胶（经氯化钴浸渍的硅胶）呈白色或蓝色，吸潮后变成粉红色。变成粉红色表明硅胶已失效，应更换。

（5）分接开关指示正确、转换良好。

（6）外壳无脱漆、锈蚀，焊口无裂纹、渗油现象。

（7）各部密封垫无老化、开裂，缝隙无渗油现象。

（8）各部螺栓完整、无松动。

（9）低压侧中性点与变压器外壳连接良好并接地；各电气连接点无锈蚀、过热和烧伤现象。

（10）一、二次熔断器齐备，熔丝大小合适（详见LE14柱上变压器和开关与开关站及户内配变站的运行的14.2子单元）。

（11）一、二次引线松紧合适，导线相线对地及相间距离符合以下要求：10kV每相导线对电杆、拉线及对低压线的净空距离不小于0.2m，相间的距离不小于0.3m。

（12）运行变压器所加上的一次电压一般不应高于相应分接挡额定电压的105%。最大负荷不应超过变压器额定容量（特殊情况除外）。变压器的运行温度不应高于额定温升。油浸式自然循环自冷、风冷变压器的顶层油温不应超过95℃，一般不宜经常超过85℃。配变站内的干式变压器的温度限值按制造厂的规定值执行。F级耐热等级的干式变压器最高允许工作温度为120℃，极限最高温度155℃。H级耐热等级的最高允许工作温度145℃，极限最高温度180℃。

（13）变压器低压侧三相负荷和电压在正常范围内变化。

3. 户内配变站运行标准

户内配变站是指室内变电站和箱式变电站。

（1）各种仪表、信号装置指示正常。

（2）各种设备（包括变压器、开关等）的连接点无过热、烧伤、接触不良、熔结等异常；导体（线）无断股、断裂、损伤；熔断器接触良好；自动空气开关运行正常。

（3）各种充油设备的油色、油温正常，无渗漏油现象；呼吸器无堵塞，变色硅胶颜色正常。

（4）各种设备的瓷件清洁，无裂纹、损坏、放电痕迹等异常现象。

（5）开关指示器位置正确。

（6）室内（箱内）的温度正常，无异声、异味，通风口无堵塞。

（7）照明设备和防火设施完好。

（8）建筑物、门、窗无损坏，门锁良好；基础无下沉，无渗漏水现象；防小动物设施良好、有效。

（9）各种标示齐全、清晰。

（10）接地连接和接地装置良好，无锈蚀、损坏现象；接地电阻合格。

4. 柱上油断路器和负荷开关运行标准

（1）外壳无渗、漏油和锈蚀现象。

（2）套管无破损、裂纹、严重脏污和闪络放电现象。

（3）开关固定牢靠，电气连接和接地良好，相间和相对地距离符合规定。

（4）油位正常。

（5）开关分、合指示正确、清晰。

（6）开关的绝缘电阻、每相导电回路电阻、工频耐压、绝缘油试验符合规程要求。

（7）开关的额定电流大于负荷电流。断路器的额定开断容量大于安装点的短路容量。

5. 隔离开关和跌落式熔断器运行标准

（1）瓷件无裂纹、闪络、破损及严重脏污。

（2）熔丝管无弯曲、变形。

（3）触头接触良好，无松动、脱落现象。

（4）接点连接良好。

（5）安装牢靠，相间距离、熔丝管的倾斜角符合规定。

（6）操动机构灵活，无锈蚀、卡涩现象。隔离开关底座接地良好，操作把柄有锁。

（7）通过隔离开关和熔断器的负荷电流小于额定电流。隔离开关和熔断器的额定断流容量大于安装点的短路断流容量。

6. 无功补偿电容器运行标准

（1）瓷件无闪络、裂纹、破损和严重脏污。

（2）无渗、漏油。

（3）外壳无鼓肚、锈蚀。

（4）接地良好。

（5）放电回路和各引线接点良好。

（6）带电体与各部之间的距离符合规定。

（7）开关、熔断器正常、完好。

（8）并联电容器的单台电容器熔丝不熔断。

(9) 串联补偿电容器的保护间隙无变形、异常和放电痕迹。

(10) 电容器的运行温度不得超过制造厂的规定值。

8.4.4 配电线路验收

1. 架空配电线路新建工程的竣工验收

供电企业有关部门应在新建工程投运前按规定成立启动验收小组进行启动试运与验收工作。启动验收小组（启动委员会）下设启动试运行指挥组和工程验收检查组。验收小组应从工程质量、运行条件、运行应办的手续三个方面进行检查验收。经验收合格的线路方可投入电网运行。其中，启动验收小组中的工程验收检查组应对下列工程质量的验收项目和应移交的工程资料进行检查：

(1) 工程质量的验收项目。在验收时应对下列工程质量项目进行检查：

1) 施工采用的器材型号、规格。要求符合标准。

2) 线路设备标示。要求标示齐全。

3) 电杆组立的各项误差。要求误差符合标准。

4) 拉线的制作和安装。要求符合要求。

5) 导线的弧垂、相间距离、对地距离、交叉跨越距离及对建筑物接近距离。要求符合要求。

6) 电器设备外观。要求应完整无缺陷。

7) 线路的相位和接地装置。要求相位正确、接地装置符合规定。

8) 沿线的障碍物和保护区。要求沿线的障碍物、应砍伐的树及树枝等杂物清除完毕。

(2) 施工方应移交的资料。在验收时施工方应提交下列资料和文件：

1) 竣工图（施工方加盖公章）。

2) 变更设计的证明文件（包括施工内容明细表）。

3) 安装技术记录（包括隐蔽工程记录）。

4) 交叉跨越距离记录及有关协议文件。

5) 调整试验记录。

6) 接地电阻实测值记录。

7) 有关的批准文件（如路径审批文件，杆塔占地、拆迁、青苗赔偿、林木砍伐等补偿文件、协议、合同等）。

(3) 新建工程的验收标准。详见 GB 50173—1992《电气装置安装工程 35kV 以下架空电力线路施工及验收规范》以及电力线路运行标准。

核实符合要求后向验收小组报告，以决定是否启动试运行。当启动试运成功，启动验收小组签署验收鉴定书，移交单位向运行单位（或接收单位）办理工程移交生产交接书后方算工程验收合格。

2. 架空配电线路检修项目的验收

通过运行巡视、检测和其他方式发现的缺陷，有三种，即一般缺陷、严重缺陷、紧急缺陷。对于严重缺陷，尤其紧急缺陷应及时安排检修（状态检修）。

对运行缺陷的检修验收，由班长安排有关运行人员进行验收，验收的依据是线路运行规程等的“运行标准”。

3. 配电电缆线路新建工程的竣工验收

配电电缆线路包括10kV电缆线路和低压电缆线路；整条电缆线路和架空、电缆混合线路。在城市中多数属于混合线路。对于新建线路工程，在验收架空线路的同时，也对电缆线路进行验收，验收电缆的标准是GB 50168—2006《电气装置安装工程电缆线路施工及验收规范》。供电企业应成立启动验收小组进行验收与启动试运工作。启动试运前，工程验收检查组应对下列电缆验收项目和移交的工程资料进行检查，核实符合要求后向验收小组报告。

（1）工程质量验收项目。在验收新建电缆时应对下列工程质量项目进行检查。

1）电缆型号规格、排列、标志牌。要求电缆型号规格应符合规定，排列应整齐，无机械损伤；标志牌应装设齐全、正确、清晰。

2）电缆的弯曲半径和电缆固定。要求电缆的固定、弯曲半径、有关距离等应符合要求。

3）电缆的终端和接头。要求电缆终端、电缆接头安装牢固，制作工艺、金属护套和铠装接地、导线相间与相导线对地距离、电缆的电气试验等符合规程规定。

4）电缆的接地装置。要求接地装置、电缆附件及电缆金属支架等接地符合规程规定。

5）电缆的相色和电缆支架等金属部件。要求电缆终端的相色应正确，电缆支架等的金属部件防腐层应完好。

6）电缆沟。要求电缆沟内应无杂物，盖板齐全；隧道内应无杂物，照明、通风、排水等设施应符合设计。

7）电缆的路径。要求直埋电缆路径标志应与实际路径相符。路径标志应清晰、牢固、间距适当。直埋电缆在直线段每隔50～100m处、电缆接头处、转弯处、进入建筑物等处，应设明显的方位标志或标桩。

8）电缆的防火设施。要求防火设施应符合设计，且施工质量合格。

9）隐蔽工程的检查情况。要求隐蔽工程应在施工过程中进行中间验收，并做好签证。

（2）资料移交。在验收时，施工单位应移交下列资料和技术文件。

1）线路路径的协议文件和占地等补偿文件、协议合同等。

2）设计资料图纸、电缆清册、变更设计的证明文件的竣工图。

3）直埋电缆配电线路的敷设位置图，比例宜为1：500。地下管道密集的地段敷设位置图比例不应小于1：100，在管线稀少、地形简单的地段可为1：1000；平行敷设的电缆线路，宜合用一张图纸。图上必须标明各线路的相对位置，并标明地下管线的剖面图。

4）制造厂家提供的产品说明书、试验记录、合格证件及安装图纸等技术文件。

5）隐蔽工程的技术记录。

6）电缆线路的原始记录：①电缆的型号、规格及其实际敷设总长度及分段长度，电缆终端和接头的型式及安装日期；②电缆终端和接头中填充的绝缘材料名称、型号。

7）试验记录。

4. 电缆检修项目的验收

应针对电缆的检修项目，依据电缆运行规程和电气设备交接试验标准的相应规定对检修项目进行验收。

对塑料电缆（包括聚氯乙烯、聚乙烯、交联聚乙烯绝缘电缆）进行电气故障检修，例如制作电缆终端和接头时，运行单位的验收人员除外观检查外，主要依据试验结果进行验收。可按 GB 50150—2006《电气装置安装工程电气设备交接试验标准》的标准进行试验。试验项目包括绝缘电阻、直流耐压及泄漏电流，检查电缆线路的相位。

此外，还应检查检修单位填写的故障测试记录及修理记录，并按规定存档。

电缆故障修复后，必须核对相位并做直流耐压试验，合格后才可恢复电缆运行。

LE9 配电线路设计图纸资料的应用

在本学习单元中，简要介绍两方面内容：杆（塔）位明细表（以下称为杆位明细表）；架空导、地线弧垂曲线图或表的应用。

9.1 架空配电线路杆位明细表

9.1.1 杆位明细表

杆位明细表是架空配电线路设计的各项设计成果的汇总表。杆位明细表一般由说明部分和表格组成。

说明部分附在表格的前面，对简短地填写在明细表表格栏内的型式代号、正负号、字符等的含义进行解析，或者说明它与施工图的关系，应按什么图进行施工。

10kV架空配电线路杆位明细表的表格栏目名称和格式见表9-1。

表9-1　10kV架空配电线路杆位明细表（示意格式表）

设计冰厚	导线型号	耐张段长度（m）/代表档距（m）	线路转角/中心桩位移（m）	杆塔号	杆塔呼称高度（m）	使用档距（m）	水平档距（m）	垂直档距（m）	基础型式	接地装置型式	导线绝缘子				被交叉物名称及其保护拆迁和开方要求	备注	经过村镇地名
											直线杆		耐张杆				
											型式	组数	型式	组数			

9.1.2 杆位明细表的应用

在线路施工、运行、检修、抢修等工作中都会应用到杆位明细表，都可以按每条线路的杆位明细表提供的资料信息和数据，进行有关工作的准备和相应的计算。

在运行时，可以通过杆位明细表查知所需杆位的杆型，从而知道该杆位的电杆规格、高度、埋深，横担规格型号、绝缘子型式和数量、金具型式以及是否有拉线等信息；另外，还可查知耐张段长度和各杆位之间的档距，导线的型号、规格，交叉跨越情况，该线路的气象区等级等各种有关的信息。

在基建施工时，可应用杆位明细表主要开展以下工作：

（1）开挖杆塔基础。

（2）将每个杆位的材料送到杆位。

（3）将每个耐张段的导、地线送到指定杆位。

一个耐张段的每根导线的重量＝耐张段长度（km）×每公里导线质量（kg/km）×系数1.03。

（4）计算每个耐张段的弧垂。

每个耐张段都有一个相应的代表档距。根据该代表档距、弧垂安装曲线或表、观测档档距、观测弧垂时的气温，查出代表档距弧垂。然后根据公式计算出观测档的弧垂。

9.2 弧垂曲线或表的应用

9.2.1 对导线初伸长的考虑

对已架设使用过的旧导线不考虑初伸长，但对未架设使用过的新导线必须考虑初伸长。新导线（包括避雷线）在架空架设受张力后会产生塑性伸长，这种塑性伸长就是初伸长。这种初伸张会使导线弧垂增大很多。为了抵消这种弧垂增大，在架线时可采用降温法或减少弧垂法来事先减少观测弧垂值，使因初伸长而增大后的导线弧垂与设计标准值吻合或接近。GB 50061—2010《66kV及以下架空电力线路设计规范》规定在架线时可采用减少弧垂法。弧垂减少率应符合下列规定：铝绞线或绝缘铝绞线为20%；钢芯铝绞线为12%。

9.2.2 选择观测档的原则

弧垂观测档的选择应符合下列原则：

（1）耐张段在6档及以下时，靠近耐张段的中间处选择一档作为观测档。

（2）耐张段在7～15档时，靠近耐张段两端各选择一档作为观测档。

（3）耐张段在15档以上时，在耐张段两端和中间处各选择一档作为观测档。

（4）弧垂观测档应力求符合两个条件，即档距较大和悬挂点高差较小。

9.2.3 观测档弧垂值的计算

在已知耐张段代表档距、观测档距和观测弧垂时气温的情况下，可按以下步骤和计算公式，依据设计提供的弧垂曲线图或表计算出观测档距的弧垂值。

（1）查出代表档距的弧垂值 f_D。以已知代表档距 l_D，观测弧垂时的气温值，从弧垂曲线图中找出与该气温对应的弧垂曲线，并查出该代表档距的弧垂值 f_D。

（2）计算观测档距的弧垂 f_G。代表档距弧垂 f_D 换算成观测档弧垂 f_G 计算式为

$$f_G = \frac{f_D}{K}\left(\frac{l_G}{l_D}\right)^2 \tag{9-1}$$

式中：f_G 为观测档的弧垂，m；f_D 为代表档距的弧垂，m；l_G 为观测档距，m；l_D 为代表档距，m；K 为导线弧垂减少系数，铝绞线或绝缘铝绞线 K＝1.2，钢芯铝绞线 K＝1.12。

9.2.4 检查运行中导线弧垂值

在已知耐张段代表档距和观测档距及观测时导线温度条件下对已架设运行的线路进行导线弧垂观测，称为复查性弧垂观测。如果不知道代表档距和观测档距，则要事先测出耐张段各档档距（包括观测档档距），算出代表档距。可用以下的具体方法进行复查性的弧垂观测。

（1）选择观测档和测量观测档弧垂 f_G 及测量记录当时导线温度（用测温仪测量或用其他方法测量）。应选取档距比较大的或需要观测的档距（例如导线对地、对跨越物距离不足处的档距）作为观测档。如果三相导线的弧垂不一致，还应分别观测三相导线的孤垂。

（2）将在实际导线温度下实测的观测档弧垂 f_G 换算成相同温度下的代表档距 l_D 的弧垂

的 f_D。其计算公式为

$$f_D = f_G\left(\frac{l_D}{l_G}\right)^2 \tag{9-2}$$

（3）以代表档距 l_D 和观测弧垂时的导线温度为条件，从设计图纸给出的各种温度的弧垂曲线中找出对应于导线温度的弧垂曲线并查出该代表档距的弧垂 f'_D。如果导线温度超出设计弧垂曲线或表所列温度（气温）的范围，即设计图纸没有给出该导线温度下的弧垂曲线（表），则需按状态方程式计算出导线在该温度的代表档距的弧垂 f'_D。

（4）比较 f_D 和 f'_D，判断运用中的导线孤垂是否在允许误差范围内。SD 292—1988《架空配电线路及设备运行规程（试行）》规定：三相导线弛度（弧垂）应力求一致，弛度误差应在设计值的－5%～＋10%之内；一般档距导线弛度相差不应超过 50mm。

LE10 配电线路运行班技术管理

10.1 班组技术负责人岗位职责与技术管理

10.1.1 班组技术负责人岗位职责

配电线路运行班技术负责人的岗位职责：在班长领导下，协助班长履行班长的总职责；分管安全管理中的设备技术安全管理，对本班的设备技术安全管理（简称技术管理）负领导责任。

为了协助班长工作和履行分管班组设备技术安全管理工作职责，班组技术负责人必须掌握班长的总职责及其安全管理工作内容。有关班长的安全管理工作内容，详见《配电线路运行岗位培训教程（班长与副班长）》中 LE10 配电线路运行班的安全管理。

10.1.2 班组技术负责人技术管理

班组技术负责人技术管理的主要内容如下：

（1）协助班长建立基于危险点分析的风险辨识库，做好事故预想与预防工作。

（2）参与制定和落实本班的安全生产目标。

（3）收集与整理班组的技术档案资料，贯彻执行技术规程、标准，提高技术管理水平。

（4）参加现场作业勘察和设备事故调查。

（5）协助班长做好设备缺陷、设备标志、供电电压、设备负荷、状态巡视、设备验收、运行分析等技术管理。

（6）认真落实“两措”计划的反事故措施计划。

（7）积极开展班组技术培训，提高班组成员的技术业务水平。

10.2 配电线路运行班技术资料管理

法律法规、技术规程、标准、制度、技术资料等是技术管理的依据和基础，班组技术负责人应收集、整理、更新、运用以下法律法规和技术资料。

10.2.1 基础资料

具体的基础资料名称详见 LE11 之 11.11 配电线路设备的基础资料和运行管理记录。

10.2.2 运行管理记录

具体的运行管理记录名称详见 LE11 之 11.11 配电线路的基础资料和运行管理记录。

10.2.3 其他资料

具体的其他资料名称详见 LE11 之 11.11 配电线路的基础资料和运行管理记录。

10.3 缺 陷 管 理

10.3.1 缺陷管理的目的和办法

（1）缺陷管理的目的：掌握本地区配电网运行中存在的主要缺陷，分析产生缺陷的原因，总结缺陷的变化规律和预防措施，及时消除紧急缺陷，保障电网设备安全运行。

(2) 缺陷管理办法：配电运行部门（配电管理所）根据缺陷管理流程制定的缺陷管理制度。

缺陷管理流程应是闭环管理流程，如图 10-1 所示。

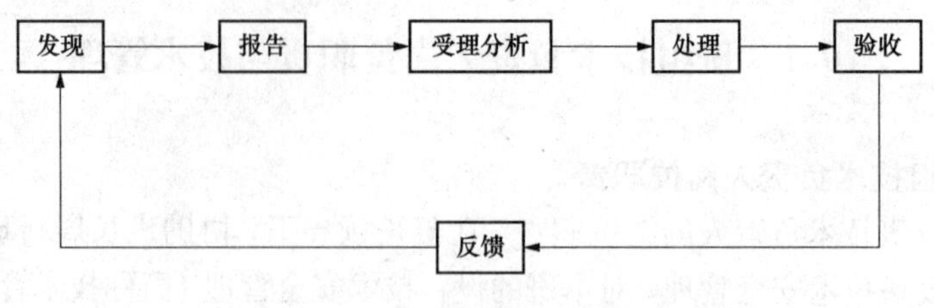

图 10-1 缺陷管理流程

10.3.2 缺陷与缺陷分类

缺陷是指运行中的配电线路、设备、设施及其保护区内发生异常或存在隐患，但未导致被迫停运状态。

缺陷共分为紧急缺陷、重大缺陷、一般缺陷三大类。其定义分别为：

(1) 紧急缺陷：严重影响设备功效，或威胁人身和设备安全，其严重程度已达到不能保障配电线路、设备及设施继续安全运行，随时有可能发生故障的缺陷。

(2) 重大缺陷：缺陷比较重大，超过运行标准，对人身和设备安全有一定的影响，但设备在短期内仍可继续运行。

(3) 一般缺陷：对人身和设备无威胁，短时也不致发展成重大或紧急缺陷，在一定时间内对线路安全运行影响不大的缺陷。

10.3.3 缺陷处理的时限

中国南方电网《中低压配电运行管理标准》规定的缺陷处理的时限要求为：

(1) 紧急缺陷，应立即处理，不应超过 24 小时。

(2) 重大缺陷，应及时处理，一般不超过 7 天。

(3) 一般缺陷，应尽快处理，一般不超过 180 天。

10.4 设 备 标 志

10kV 配电线路、设备、设施的主要标志内容和标示的部位规定如下。

10.4.1 10kV 架空配电线路的标志

(1) 在变电站围墙内 10kV 出线杆塔上的标志。变电站 10kV 出线杆塔上的架空导线与变电站高压室内开关设备的连接，有两种连接方式：一种是用 10kV 电缆将出线杆塔上的架空导线与变电站高压室内的开关设备连接；另一种是用架空明线经高压室墙上的穿墙套管将出线杆塔上的架空导线与变电站高压室内的开关设备连接。

当用 10kV 电缆将出线杆塔上的架空导线与变电站高压室内开关设备连接时，在出线杆塔处的电缆护线管外面或杆塔身上标示线路名称和线路编号；在电缆终端头的导线上涂上黄、绿、红相色。

当用架空明线将出线杆塔上的架空导线与变电站高压室内开关设备连接时，在出线杆塔的杆身上标示线路名称和线路编号；在出线杆塔的横担上涂上黄、绿、红相色。

（2）在10kV架空线路杆塔上的标志。在单回路架空线路上，在每基杆塔的杆塔身上均应标示线路名称和杆（塔）号，并标示“禁止攀登、高压危险”警告语。其标志应标示在巡线时容易看到的杆塔一侧，同一条线路的标志应在同一侧。在每条线路的变电站出线杆、分支杆、转角杆的导线上应作相位标志。

在同杆（塔）并架的多回路架空线路上，不同名称的线路应标示不同的色标，通常将色标涂在靠近杆身的线路横担上。除涂线路色标之外，每回线路的杆身上还应标示线路名称和杆（塔）号、相位标志以及“禁止攀登、高压危险”警告牌（语）。

10.4.2 柱上变压器的标志

柱上变压器的台架上应标示该柱上变压器的名称和编号，以及线路名称、杆号并悬挂（或涂写）“止步，高压危险”警告牌（语）。

变压器上应有铭牌、黄绿红相位标志。

10.4.3 开关站的标志

在开关站的门外应标示开关站的名称和编号，并悬挂（或涂写）“止步，高压危险”警告牌（语）。

在开关站内的开关柜上应标示开关的调度名称和编号。

10.4.4 户内配变站的标志

户内配变站（室内配电变压器站、箱式配电变压器站）的外面应标示配变站名称和编号及高压室、变压器室、配电室（低压室）等，并悬挂（或涂写）“止步，高压危险”警告牌（语）。

配变站内的高压开关柜上应标示开关的调度名称和编号。

10.5 电压管理

10.5.1 供电电压质量指标

配电线路运行班技术负责人及有关人员应掌握所辖配电网内高压线路和配电变压器低压台区的电压情况。发现电压不符合运行标准时应设法改进使之符合标准。

在用户受电端的供电电压至少应满足《供电营业规则》的下列规定值：

（1）10kV及以下三相供电的，三相线电压允许波动范围为额定电压的±7%。

（2）220V单相供电的，单相电压允许波动范围为额定值的+7%，−10%。

在满足《供电营业规则》的电压要求的基础上，应努力提高供电电压质量，使之符合SD 292—1988《架空配电线路及设备运行规程（试行）》（简称《运行规程》）和《中国南方电网城市配电网技术导则》（简称《技术导则》）的规定。

关于用户端的允许电压偏差，《架空配电线路及设备运行规程（试行）》规定的1～10kV和低压动力用户三相供电的允许电压偏差与《供电营业规则》的规定值相同。但关于低压照明用户的允许电压偏差的规定不同，《运行规程》的规定值为额定值的+5%～−10%，而《供电营业规则》的规定值为额定值+7%，−10%。

《技术导则》第4.8.2条关于10kV及以下三相供电和220V单相供电的用户端电压允许偏差的规定（按GB/T 12325—2008的标准执行）与《供电营业规则》的规定值相同，但增加了系统母线电压偏差的规定。《技术导则》规定系统35kV以下电压等级母线允许电压偏差范围为：

35kV：－3%～＋7%；10(20) kV：0～＋7%。

10.5.2 电压的测量周期

电压的测量周期可按SD 292—1988《架空配电线路及设备运行规程（试行）》第7.4.4条和第7.4.5条规定执行。公用低压网络每个低压台区的首、末端每年至少测量电压一次。但有下列情况之一者，应测量低压台区的电压。

(1) 投入较大负荷。

(2) 用户反映电压不正常。

(3) 三相电压不平衡，烧坏用电设备（器具）。

(4) 更换或新装变压器。

(5) 调整电压分接头。

10.6 负 荷 管 理

10.6.1 配电变压器运行负荷的控制原则

(1) 配电变压器不应过负荷运行（详见LE9配电线路材料设备的型号与参数及线路验收知识的9.4.3配电设施和设备的运行标准）。

(2) 配电变压器应经济运行。变压器的最大负荷电流不宜低于额定电流的60%；季节性用电的专用变压器，应在无负荷季节停止运行。

(3) 配电变压器的三相负荷应力求平衡。变压器的三相负荷不平衡度不应大于15%，中性线电流不应超过额定电流的25%。不符合上述规定时应调整连接在变压器上各相的负荷，使三相的负荷尽量相等。不平衡度的计算公式为

$$\text{不平衡度}(\%)=\frac{\text{最大电流}-\text{最小电流}}{\text{最大电流}}\times 100\%$$

10.6.2 配电变压器熔丝额定电流选择

变压器高压侧熔丝的额定电流应按熔丝的安—秒特性曲线进行选择。如无特性曲线可按LE14柱上变压器和开关与开关站及户内配变站的14.2子单元介绍的方法选用配电变压器高低压侧熔丝。熔丝的选择应考虑上、下级保护的配合。

10.7 状态巡视的管理

10.7.1 状态巡视的优点

状态巡视是指按线路实际状况和运行经验动态地确定线路（段、点）巡视周期所开展的线路巡视工作。

在实际应用上，适宜开展状态巡视的是健康状态良好的线路及其段、点，这种巡视的特点是适当延长该线路（段点）的巡视周期（可用群众护线的护线员作为巡视补充）而不降低巡视质量，它与线路特殊区段在特殊季节要缩短巡视周期的作法正好相反。为此，合理地开展状态巡视具有以下优点。

(1) 有效地利用巡视人力资源。显然，根据线路的实际状况和运行经验，合理地将延长巡视周期（状态巡视）、正常巡视周期、缩短巡视周期等三种作法结合起来运用，能达到节约巡视人力、巡视时间，提高人力资源利用的效益。

(2) 提高巡视质量。实行状态巡视之后，便可把节约的人力、时间用到最需要的地方，做到最大“关切”，达到“该巡必巡，巡必巡好”的目的。

10.7.2　制订与执行状态巡视计划的流程

制定与执行状态巡视计划是一件严肃的事情，班组技术负责人应从技术管理角度评价线路的健康状况，提出班组的状态巡视计划建议，但决定权在于供电企业主管部门。

状态巡视计划的制订与执行是一个闭合流程：班组编制状态巡视计划—配管所生技室初审计划—供电企业主管部门审核下达计划—班组执行下达计划—班组编制新计划或动态地调整计划。有关状态巡视计划的内容请查阅 LE5 班组管理知识。

10.8　验 收 管 理

有关配电线路、设备、设施的验收知识请查阅 LE9 配电线路材料设备的型号及线路验收知识。

供电企业应按验收管理制度组织验收小组对供电企业产权的新建配电线路和客户产权但直接接入供电企业配电网的新建配电线路进行投产验收。

配电线路运行班应按验收管理制度规定派人参加供电企业组织的新建配电线路投产验收和派人参加本班检修项目的检修验收。

参加验收的运行班人员在对新建配电线路等进行投产验收时主要从工程质量、运行条件、运行前应办理的手续三方面进行检查验收。上述三方面经检查验收合格后，新建配电线路等才许可接入电网进行。

下面具体介绍对新建配电线路等三方面的验收检查内容。

(1) 工程质量的检查内容。具体的检查内容见 LE9 配电线路材料、设备的型号及线路验收知识第 9.4.4 子单元。工程质量的检查主要检查以下三种质量：

1) 施工工程所用材料、设备的质量。

2) 施工工程的施工质量。

3) 工程资料的齐全、完整、准确性质量。

(2) 运行条件的检查内容。应重点检查投产前的生产准备工作情况，其准备工作应达到下列要求：

1) 要求测试的电气参数已测试合格，相位核对无误，竣工资料与现场实际情况相符。

2) 设备标志（如线路名称、编号、杆号、相位、色标、警告等）已标示齐全，标示位置正确。

3) 线路设备的运行维护单位和维护分界点已确定，并有书面依据。

4) 专供巡视使用的巡视道、桥和杆塔、基础的防洪沟、护墙、防撞设施及巡线站等已修建并合格。

5) 供特殊区段线路应用的现场运行规程等已制定完毕。

6) 运行维护所需车辆、工器具、备品备件已备齐。

7）运行人员已配齐并经厂级、工区（车间）级、班组级的三级安全教育，安全技术培训考试合格。

（3）运行前应办理的手续的检查内容。在业主办理完毕以下手续后线路等才能接入电网运行：

1）供电企业产权的线路等应办理完毕的手续。

第一项手续：取到供电企业启动验收小组（工程启动验收委员会）签订的启动竣工验收证书。

第二项手续：向电网调度部门提交新设备投产申请书并获批准。

2）客户产权的线路等应办理完毕的手续。

第一项手续：取到供电企业（一般为业扩部门或供电分局）启动验收小组签订的启动竣工验收证书。

第二项手续：签订了供用电合同并安装了用电计量装置。

第三项手续：向电网调度部门提交了新设备投产申请书并获批准。

10.9 试 验 管 理

10.9.1 试验类别

供电企业或施工单位对电气设备的试验有两种类别，即交接试验和预防性试验。

（1）交接试验是在新建工程竣工投产前用以判断设备是否符合投产所需质量要求而进行的验收试验。一般由施工单位进行交接试验，由供电企业验收小组进行检查。

（2）预防性试验是为了发现运行中设备的隐患，预防发生事故或设备损坏而对设备进行的检查、试验或监测。预防性试验由设备运行部门提出并列入计划进行。

10.9.2 配电线路、设备、设施的预防性试验项目和周期

架空配电线路的试验项目（线夹及接头测温、接地电阻测量、绝缘子检测）及试验周期详见 LE11 配电线路运行表 11-1 的规定。架空导线和地线强度的试验根据需要抽检。

电缆配电线路的试验项目（电缆头，即电缆终端和中间头）及试验周期详见 LE11 表 11-2 规定。

柱上变压器和开关、开关站、室内变电站、箱式变电站的试验项目和试验周期详见 LE14 柱上变压器和开关与开关站及户内配变站的运行的表 14-1 的规定。

10.9.3 安全工器具、施工机具和消防装置的试验项目和周期

安全工器具、施工用具的试验项目和试验周期详见 LE12 常用仪器仪表及其应用的 12.5 子单元表 12-1 常用电气绝缘工具试验标准一览表和表 12-2 登高、起重工具试验标准表的规定。

电气场所的二氧化碳灭火器、干粉灭火器，生活场所的泡沫灭火器的试验项目和试验周期按供电企业消防管理制度等规定执行。

10.10 “两措” 计划的管理

“两措”是反事故措施和安全技术劳动保护措施两项措施的简称。

（1）反事故措施是生产技术管理部门针对已发生的或预见可能发生的人身、电网、设备事故，依据国家、行业颁发的标准和规程、上级颁发的反事故措施以及本企业（部门）的反事故对策而制订的要求本企业内各单位执行的预防若干特定事故发生的措施，它包括技术措施、组织措施和管理措施。

（2）安全技术劳动保护措施是为了改善从业人员的劳动条件，预防发生人身伤亡事故和职业病，企业安全监督部门依据国家、行业、电网公司等颁发的标准、规程、制度而制订的要求本企业内各单位执行的保护从业人员人身安全与健康的措施。

“两措”计划是企业为落实上级颁布的反事故措施和安全技术劳动保护措施而制订的计划。企业制订“两措”计划的方法是：首先组织基层单位和班组对本企业中反事故措施所指的有隐患的设备进行摸底调查，摸清有隐患设备的底数和对本企业的劳动保护设施、用品、用具需求量进行调查统计，然后结合安全性评价和安全检查的整改意见才最后综合制订出的关于实施反事故措施与安全技术劳动保护措施的计划，即“两措”计划。

企业制订的一般是年度“两措”计划。“两措”计划是企业生产计划的重要组成部分，要优先安排资金予以实施。

企业在编制“两措”计划时要遵守两点要求：

（1）“两措”计划的编制程序、立项依据、费用提取和计划的审查应符合《安全生产工作规定》的规定。

（2）“两措”计划要“四落实”（项目、完成时间、负责人、费用），要内容重点突出、无重要疏漏。

“两措”计划是综合落实反事故措施、安全技术劳动保护措施、安全性评价和安全检查整改意见的重要计划，班组领导务必重视该计划的执行。有关安全检查的内容请查阅《配电线路运行岗位培训教程（班长与副班长）》中 LE10 配电线路的安全管理的安全例行工作。有关配电线路反事故措施的内容请查阅 LE15 典型的反事故措施。有关安全性评价的内容请查阅 LE16 配电线路的状态评价和安全性评价。

10.11 状态评价和安全性评价

有关状态评价和安全性评价的内容请查阅 LE16 配电线路的状态评价和安全性评价。

10.12 运行分析管理

10.12.1 运行分析的内容

运行分析一般分为综合运行分析和专题运行分析。

（1）综合运行分析包括安全分析（人身安全、电网安全、设备安全）、经济分析、运行管理分析三种运行状况的分析。综合运行分析的目的是摸索各种运行状况的变化规律，找出产生存在问题的因素，按照轻重缓急有针对性地制定处理存在问题的对策与措施。

（2）专题运行分析是对综合运行分析的其中某类或某一项工作有针对性地不定期地进行的分析。

中国南方电网《中低压配电运行管理标准》规定配电运行部门（即配管所）应每月召开

一次综合运行分析会议。

综合运行分析内容，即是综合运行分析会议的内容和综合运行分析报告的内容，其主要内容如下：

(1) 检查上次运行分析会布置的运行管理工作、要求执行的整改措施的执行情况。

(2) 线路及设备运行指标完成情况。

(3) 运行维护（包括巡视、检测和检修）工作情况分析。

(4) 线路设备缺陷情况分析。

(5) 线路设备故障情况分析。

(6) 低压台区负荷、电压情况分析。

(7) 线路的特殊区段的运行情况分析。

(8) 技术改造、配电网建设的建议。

(9) 布置下月运行管理工作事项。

10.12.2 技术负责人的运行分析管理工作

班组技术负责人应协助班长做好以下运行分析的管理工作。

(1) 监督本班各成员及时做好各种记录。

(2) 按配管所的要求统计本班的有关指标。例如，统计线路及设备的长度、台数、容量和生产运行指标（包括生产安全指标、供电质量指标、经济运行指标、中压设备可靠性指标、生产作业指标、中压配电网建设水平指标）。

(3) 定期（每月一次）参加配管所召开的综合运行分析会。

(4) 不定期参加配管所召开的专题运行分析会。

(5) 编写班组综合运行分析和专题运行分析报告并上报配管所。

10.13 技术培训管理

10.13.1 应接受电力部门技术培训与考核的人员

按《特种作业人员安全技术考核管理规则（2013年修订）》规定，电业作业属于特种作业，其作业人员是特种作业人员。电业作业包括电工作业和非电工作业。其中非电工作业的金属焊接（气割）作业、机动车驾驶、压力容器操作等特种作业人员由这些作业的主管部门组织培训、考核，颁发上岗证；电工作业人员由电力部门自行培训、考核，颁发上岗证。本教程所讲的技术培训是指由电力部门对电工作业人员的技术培训。

在电力企业和从事电业作业的下列人员应接受电力部门的技术培训与考核：各级生产领导人、工作票签发人、工作负责人、工作监护人、工作班成员、工作许可人（电力调度值班员、变电站值班人）、电气操作发令人（调度值班员）、电气操作监护人、电气操作人，群众护线员、临时参加电气作业人员等。

10.13.2 班组技术负责人的技术培训管理工作

班组技术负责人应协助班长进行下列技术培训的管理工作。

(1) 掌握本班组内从班长到各成员的企业、车间、班组三级安全教育和岗前技术培训考核情况；按计划安排应接受培训的在岗人员参加培训。

(2) 监督在岗人员定期参加安全工作规程的考试考核（注：车间及班组人员每年一次；

地市级供电企业正副领导、正副总工、安监部门负责人每两年一次；省电网公司正副领导、正副总工、安监部门负责人每三年一次）；监督本班组内非电工作业人员（如焊工、汽车驾驶员、压力容器操作员）按时参加专业主管部门的培训、考核。

（3）依据配管所的技术培训计划及本班组欠缺知识等实际情况制订本班组年度技术培训计划并组织实施。

（4）编写班组技术培训总结。

（5）建立、完善班组技术培训档案。

LE11 配电线路的运行

通常所称的配电线路，包括配电线路（架空线路、电缆线路）、配电设备（如断路器、隔离开关）和配电设施（如配变站、开关站）等本体以及线路保护区和通道。

本学习单元只介绍配电线路的运行，而将配电设备和配电设施的运行安排到LE14柱上变压器和开关与开关站及户内配变站的运行中作介绍。

在配电线路的运行工作中，班组领导应重点关注的问题是：按计划开展巡视、检测工作；按巡视作业指导书开展巡视工作，严把巡视安全与质量关；安全管理（具体内容见班长与副班长岗位教程LE10配电线路运行班的安全管理）、技术管理（具体内容见LE10配电线路运行班技术管理学习单元）、定期开展状态评价和安全性评价；缺陷管理；建立健全运行班的基本资料和运行管理记录；做好线路的日常维护和群众护线与宣传工作。

11.1 配电线路的巡视与检测

在配电线路开展巡视与检测工作的管理方面，班组领导应重点做好两项工作。

首先，检查落实所辖的每条线路的运行维护分界情况。应落实是否有明确的运行维护管理分界点，是否有空白点，分界划分是否明确、清楚，是否有分界的正式协议书或文件。凡是没有明确分界点的必须补办。应将分界点划分协议书存档保管。

其次，编制巡视检测一览表。编制该表的依据是运行规程和配电运行管理标准关于架空线路、电缆线路的巡视、检测周期的规定，上级批准下达的状态巡视、检测安排，上级布置的特殊巡视任务，线路特殊区段的巡视周期与检测项目等。

一般将线路巡视分为六种，即定期巡视、特殊巡视、夜间巡视、登杆巡视、故障巡视以及监察巡视（此巡视适用于上级部门的领导）。此外，还有交叉巡视、诊断性巡视。巡视与检测周期应按中国南方电网公司《中低压配电运行管理标准》和有关规定执行，参考表11-1和表11-2的周期表执行。

表11-1　　10kV配电架空线路的巡视与检测周期表

项　目	周　期	备　注
定期巡视	市区每月至少一次；郊区及农村每季至少一次；对挖掘暴露及附近有施工存在外力破坏危险的线路每周至少一次	可根据架空线路设备状态评价适当调整巡视周期，重要线路应当增加巡视次数
夜间巡视	重要负荷或污秽区的10kV线路每年至少一次	
线夹及接头测温	重要负荷线路每年至少一次	
接地电阻测量	3～10年	
瓷绝缘子检测	根据需要而定	停电时抽检

注　1. 瓷绝缘子的检测项目是绝缘电阻或耐压和等值盐密度。
2. 1kV及以下线路巡视周期一般每季度一次（根据SD 292—1988《架空配电线路及设备运行规程（试行）》）。

表 11-2 配电电缆线路的巡视与检测周期表

项　目	周　期	备　注
电缆线路及电缆通道的巡视	电缆及电缆沟管、隧道、电缆井的巡视每月至少一次	可根据电缆线路状态评价适当调整巡视周期，重要线路应当增加巡视次数
	电缆竖井内的电缆，每半年一次	
	对挖掘暴露及附近有施工存在外力破坏危险的电缆，每周至少一次	
	水底电缆线路，视现场情况而定	
电缆头测温（终端头、中间头）	重负荷电缆线路至少每年一次，支线根据情况而定	全封闭设备的可预安装测温装置

从表 11-1 和表 11-2 的备注可知，定期巡视的周期并非固定不变，可根据状态评价的结果调整巡视周期和对不同区段采用不同周期，也即允许开展适当延长周期的状态巡视。但需注意，延长周期的调整需经上级明文批准后方可执行。

11.2 配电线路特殊区段的巡视

11.2.1 特殊区段的种类

按引发事故的原因来划分，配电线路特殊区段可划分为多雷区、重污秽区、重冰区、洪水冲泡区、重负荷线路及设备、易受外力破坏区、易建房区、速生林区、山火易发区、鸟害区、大档距、滑坡沉陷区等。

11.2.2 特殊区段的巡视与检测周期

特殊区段大多具有季节特点或环境特点。编制巡视、检测一览表时，首先将每条线路分出正常区段和特殊区段，然后确定特殊区段不同季节的巡视与检测周期，最后将各条线路的正常区段、特殊区段（点）的巡视、检测周期列入总的巡视、检测一览表之中。

对于不同种类的特殊区段（点），要根据具体情况分别对待，按各个不同特殊区段的事故多发期间与非多发期间的原则确定其巡视周期：在事故少发期间应按正常巡视周期执行；在进入事故多发期之前应进行一次重点巡视并及时重点消缺，然后在事故多发期间内，应适当缩短巡视周期，即增加巡视次数。

运行班应重点检测重污区绝缘子的污秽情况（瓷绝缘子的绝缘电阻或工频耐压和等值盐密度），重点检测重负荷线路及设备的接头发热、导线对地及对跨越物的限距等。

11.3 重要用电与重大节日的保供电巡视

保供电巡视属于一种特殊巡视。

重要用电是指国家在指定地点、期间举办重要会议、重大活动、重大集会等的用电，例如举办重大的国际性会议和论坛、国际性的艺术节和博览会、奥运会、亚运会以及当地政府举办的活动等的用电。

我国传统的重大节日主要有元旦、春节、五一节、中秋节、国庆节。

因为重要用电、节日用电事关国家形象及民生，影响甚大，所以，在重要用电或节日用电到来之前，对城区用电主供线路、城区重负荷线路等重要用电线路安排一次保供电巡视。确保重要用电的供电是一个庞大的系统工程，担负供电任务的供电企业毫无例外地都要经历长时间的精心工作过程，同时牵动各个部门。在供电企业内部的保电措施涉及方方面面，大到保电网，中到保每基电杆，小到保每个灯头。为此，运行班务必做好保供电的巡视工作。

11.4 配电线路的事故巡视

及时进行事故巡视是配电线路运行的重要工作。10kV 配电网为中性点非直接接地系统，发生单相接地时线路一般不跳闸。当 10kV 配电线路发生永久性单相接地故障和相间短路跳闸事故时须紧急组织事故巡视。若线路跳闸但重合闸重合成功，应事后组织巡视，查找跳闸原因和事故地点。

《云南电网公司配电网电气安全工作规程（2011 年版）》第 5.2.9 条规定，根据口头或电话命令开展故障特巡。当运行班组领导接到上级领导（工作票签发人）关于线路跳闸要求事故巡视的口头或电话命令（通知）时，应向上级领导或调度员了解线路跳闸时间、哪些保护装置动作及气象情况（安装有雷电定位系统，即 LLS 系统的单位，应查看 LLS 系统终端站显示的雷电活动信息）等，以便判断事故类型和发生事故的可能区间，以及决定采用何种巡视方式（地面巡视还是登杆巡视）。事故巡视工作负责人须按巡视作业指导书的规定交代事故巡视安全注意事项。

当本班人员不能满足事故巡视需要时，应及时请求上级增派人员。事故巡视时，应始终认为线路带电，即使明知线路已停电，亦应认为线路随时有恢复送电的可能。巡视人员发现导线断落地面或悬吊空中时，应设法防止行人靠近断线地点 8m 以内，并迅速报告领导，等候处理。

11.5 巡视作业指导书的应用

关于巡视作业指导书的详细内容，请详阅《配电线路运行岗位培训教程（工作成员）》LE10 配电线路的巡视与检测学习单元的 10.6 项。巡视作业指导书包括工作任务及准备阶段、实施阶段、结束阶段、总结阶段四个阶段的内容以及各阶段的“三措”措施（即组织措施、技术措施、安全措施）。在实施阶段的“三措”中应列出各种危险点、预控危险的措施、控制人。

为了保障巡视人员的人身安全和巡视质量，做到巡必巡好，班组领导除自身认真执行巡视作业指导书外，还要严格督促与检查巡视人员执行巡视作业指导书和及时填写巡视记录，及时报告紧急重大缺陷情况。

11.6 状态评价和安全性评价

状态评价（以前称为设备评级）的周期一般为半年一次。

安全性评价的周期一般为 2～3 年一次。

如何开展状态评价和安全性评价，详见 LE16 配电线路运行班状态评价和安全性评价。

11.7 缺 陷 管 理

缺陷管理流程是闭环管理流程，如图 10-1 所示。

根据 Q/CSG 210124—2009《中低压配电运行管理标准》关于缺陷及其划分的规定：缺陷是指运行中的配电线路、设备、设施及其保护区内发生异常或存在隐患，但未导致被迫停运的状态。按缺陷的严重程度，可将其划分为紧急缺陷、重大缺陷、一般缺陷三大类。

在划分缺陷类别时，要针对具体线路具体的构成部分、部件的缺陷状态来划分，以方便进行具体的检修。例如某配电线路同时有架空配电线路、电缆配电线路、配电设备（如开关）、配电设施（如配变站）等构成部分，当巡线员发现该线路中的架空线路部分的 N20、N21 杆之间右导线（LGJ—120 型钢芯铝绞线）发生断股，且断股面积超过导线总铝面积的 25%时，按划分标准的判定规定该处的断股应属于紧急缺陷。于是巡线员报告：巡线发现某线路 N20、N21 杆之间架空右导线有严重断股的紧急缺陷，粗略估算断股面积已超过总铝截面积的 25%。导线型号规格是 LGJ—120。

为便于对线路缺陷按线路构成及其部件进行统计、分析，中国南方电网公司在《中低压配电运行管理标准》中对如何划分构件和部件作了明确，可按此划分线路构成部分和部件名称，以便统一和规范缺陷的统计和分析。

运行班技术负责人分管设备技术安全，应收集、汇总、分析巡线员发现的缺陷，并根据所发现缺陷的严重程度，将其列入班组自行维护计划或报送配管所生技室，由其安排专门的检修班组进行的紧急检修或列入大修计划。

11.8 故障线路的隔离

有些山区农网 10kV 架空电力线路很长且分支线又多又长，运行管理条件很差。当这些线路末端或支线上发生永久性故障（例如倒杆断线），难于在短时间内修复或难于找到故障点并修复时，为了缩小事故影响范围和减少停电时间，应将事故线路段暂时隔离，先恢复无故障线路段供电，再处理或寻找故障。

将故障线路段隔离的方法是断开分段开关、分段跌落式熔断器、分支线路跌落式熔断器，解开耐张杆的过电流线。但是，将线路隔离后，务必在隔离点采取防止误送电的安全措施。例如，派人看守，在开关机械传动机构上加锁，取走熔管，悬挂“禁止合闸，线路有人工作”标志牌；同时在处理故障线路段之前应采取防触电措施，如验电和挂接地线。

11.9 配电线路的维护

对线路的小缺陷进行处理是运行班应进行的维护工作。

运行班应负责的维护工作是：杆基和拉线坑回填土、排水、补埋外露接地体、调整拉线、补装或紧固螺栓、补装被盗塔材、加装加固防撞挡桩、砍伐影响送电的树木和树枝、补挂或加挂安全警示牌和限高牌、涂写线路名称和杆号以及同杆共架线路的色标等。

11.10 群众护线与宣传

聘请群众护线员开展群众护线工作是专职巡线工作的重要补充。开展群众护线工作有以下优点：

(1) 容易聘请到合适的护线员。因一般的护线工作内容比较简单、明了，故对护线业务水平不需过高要求，而侧重于责任心的要求。

(2) 能及时反映紧急情况。护线员生活于当地，能容易听到和观察到线路及环境变化情况，能在第一时间内发现和听到线路上出现的异常情况。

(3) 护线员与当地群众容易沟通，也便于护线宣传。

(4) 护线成本低。

11.11 配电线路基础资料和运行管理记录

运行班长应督促相关人员建立健全配电线路设备基础资料和运行管理记录。

运行班应建立健全与运用以下资料：

(1) 基础资料。

1) 架空线路、电缆线路、配变站、开关站等台账技术资料。

2) 中压配电网系统接线图或模拟图。

3) 中压线路地理平面图。

4) 低压线路地理平面图。

5) 杆位明细表。

6) 电力法等法律法规（详见 LE3 法律法规）。

7) 配电线路工程图（详见 LE5 配电线路基础知识）。

(2) 运行管理记录。

1) 巡视记录（记录表格式见巡视作业指导书之附表），包括架空配电线路巡视记录表、电缆运行巡查报告表。

2) 缺陷记录，包括架空配电线路缺陷记录、电缆配电线路缺陷记录。

3) 检修记录，包括架空配电线路检修记录、电缆配电线路检修记录。

4) 抢修记录。

5) 工作票记录。

6) 配电线路跳闸记录，包括配电变压器熔断器熔断记录。

7) 设备预防性试验记录。

8) 公用配电变压器二次侧电流、电压测量记录。

9) 设备接头测温记录。

10) 接地电阻测量记录，包括杆塔、开关、开关站、配变站接地等的接地电阻测量记录。

11) 安全工器具（包括消防设备）检查、试验记录。

12) 操作票记录。

13) 班前会、班后会记录。

14) 安全日活动、事故预案演习记录。

15) 安全技术交底单。

16) 配电值班交接班记录。

(3) 其他资料。

1) 各类工程竣工资料和技术资料。

2）各交叉跨越协议、对外协议等资料。

3）维护产权分界点协议书。

4）备品备件记录。

5）电力设施安全隐患整改通知书。

LE12 常用工具仪器仪表及其应用

12.1 配电线路运行班的常用工具

（1）登高工具，如升降板（俗称三角板）、脚扣、竹（木）梯。

（2）打洞挖土工具，如锄头、铁铲、十字镐、插撬、挖勺、簸箕。

（3）砍树修枝工具，如砍刀、机动锯、木锯、高枝剪、棕绳、绝缘绳、钢丝绳、大锤、小锤、铁桩。

（4）瞭望工具，如望远镜。

（5）个人工具，如扳手、钢丝钳、螺丝刀。

（6）绝缘工具，如绝缘操作棒、绝缘手套、绝缘靴。

（7）记录工具，如照相机、摄像机。

（8）简易测量工具，如皮尺、卷尺、游标卡尺。

（9）防护用品，如安全帽、安全带（有后备绳的双保险安全带）、手套、三相短路接地线、验电器、护目镜。

12.2 配电线路运行班的常用仪器仪表

运行班常用的仪器仪表，如钳形电流表、电压表、接地电阻测试仪、绝缘电阻表（兆欧表）、万用表、光学经纬仪。

新型的仪器仪表，如全站仪、GPS 定位仪、钳形接地电阻测量仪、红外测温仪、红外热成像仪。

12.3 几种仪器仪表的应用

12.3.1 钳形电流表的应用

1. 钳形电流表的构成、优点和常用规格

（1）钳形电流表的构成。钳形电流表是由一个单相电流互感器的铁芯和二次绕组及一个串在二次绕组中的电流表组成。钳形电流表中可张口的铁质框形物是电流互感器的铁芯。用钳形电流表测量一相电路的电流时，首先张开框形铁芯的口子套住电路电线，然后合拢铁芯口子。套在铁芯中的电线就是电流互感器的一次绕组。此时，电流表显示的便是经电流互感器变换后的该相电路电流值。

（2）钳形电流表的优点。钳形电流表的优点是不需开断被测电线，在被测电线正常带电状态下直接测出被测电线中的电流。例如，在配电变压器正常供电情况下，用钳形电流表便可测出变压器低压侧各相导线及中性线中的电流；用钳形电流表同样可测出电线杆上各低压导线的电流。

（3）测量低压线电流的钳形电流表的常用规格。常用钳形电流表的精度为2.5级，电压1000V，最大量程为1000A（可测量近700kVA配电变压器低压侧电流）。

2. 在高空处使用钳形电流表的安全措施

在台架式配电变压器低压侧出线处和低压配电线路电杆上使用低压钳形电流表测量电流时，应采取以下安全措施：

（1）应填用线路第二种工作票。DL/T 409—1991《电业安全工作规程（电力线路部分）》规定，在带电线路杆塔上工作，在运行中的配电变压器台上或配电变压器室内工作要填用第二种工作票。

（2）电气测量工作，至少由两人进行，一人操作，一人监护。夜间进行测量应有足够的照明。

（3）测量人员必须了解仪表（钳形电流表）的性能、使用方法、正确接线，熟悉测量的安全措施。

（4）高空作业（例如测量台架式配电变压器低压侧电流和电杆上低压线电流）时的安全注意措施：若登杆，登杆前应检查登杆工具（如脚扣）和安全带，保证完整合格；检查电杆杆根和拉线，确认电杆稳固。若用梯子登高，不准为加高梯子而将两架梯子绑接加长；要确保梯子坚固完整、有防滑装置，梯子的搁置要稳固，要有人扶持；严禁两人同在一梯子上工作，且梯子最高处的两个横档上不宜站人。

高空作业人员必须戴安全帽和使用有后备绳的安全带。安全带和后备保护绳要分别系在主杆或牢固的构件上，且应防止安全带从杆顶脱出或被锋利物伤害。现场作业人员应戴安全帽。高空作业人员要防止掉物，要使用绳索传递工具和材料。在高空作业落物区内无关人员不得通过和逗留。在人口密集区进行高空作业时，应在作业点下方设围栏和采取悬挂警示牌等其他措施，防止无关人员进入，并设专人看护。

遇有大雾、雷雨及5级以上大风（10.7m/s）时，严禁登杆作业。

（5）选用的钳形电流表的额定电压要与被测电线的电压相适应。测量电流时，测量人员应戴绝缘手套，站立在绝缘垫上（在地面上测量时）；不得让钳形电流表触及接地体和邻相导体，以防接地或短路；测量人员观察电流表电流值时，要保持头部与带电体（对于10kV及以下的带电体）之间的空气距离有0.35m及以上的安全距离。

3. 用钳形电流表测量三相380/220V电线电流的方法

应逐相测量三相电线的电流，测量方法如下：

（1）试探性地测试电流值。将钳形电流表量程挡位置于最大量程位置上，先张开钳口框住被测相的电线，再合拢钳口，使钳形电流表进入测量状态，然后读表。若所读数值在最大测量刻度值的起始段，则在观测电流概值后将钳形电流表退出测量状态，并重新选择量程挡位，再使钳形电流表进入测量状态。当所读电流值在最大测量刻度值以下，60%测量刻度值以上时，可以将读出电流值作为有效实测值。若所读数值超出最大测量刻度值，则再重新调整量程挡位。

（2）正式测量电流值。将重新调整量程挡位的钳形电流表进入测量状态，然后认真读取电流值。实测电流值计算公式为

$$\text{实测电流值} = \text{读取值} \times \text{量程倍率}$$

（3）将钳形电流表退出测量状态，并将量程挡位调至最大挡位。

（4）重复上述步骤，测量余下的另两相电流值和中性线电流值。

(5) 测量完毕后务必将钳形电流表的量程挡位置于最大量程挡位位置上。

12.3.2 携带型交流电压表的应用

1. 携带型直接接入式交流电压表

为了检测低压配电网各点的电压是否符合运行标准，配电运行班应配备携带型直接接入式交流电压表。直接接入式交流电压表是指直接并联在低压线路上测量线路电压的交流电压表。按工作原理划分可将电压表分为磁电系、电磁系、电动系三种交流电压表。在低压配电网中，可选择最大量程为500V或600V的交流电压表，精确度为1.5～2.5级。交流电压表一般设有变换量程挡位的转换开关。

2. 使用携带型交流电压表的安全措施

使用电压表测量电压的安全措施与使用钳形电流表测量电流的安全措施类似，但要另外注意四点：①电压表只准并联在电路中；②测量电压用的两根绝缘连接线必须是绝缘铜芯软导线，导线截面不小于2.5mm²，连接线的长度应尽可能短，中间不得有接头，以防连接线造成接地或短路；③两根连接线的一端事先与电压表连接牢固，另一端与绝缘工具（绝缘棒）端部的金属杆连接牢靠，以便操作绝缘工具使其金属杆接触带电导线，测量电压；④测量电压的人员应戴绝缘手套和护目镜。

3. 用携带型交流电压表测量低压线路电压的方法

设定：测量对象是台架式变压器低压侧出线电压或电杆上三相四线低压线路的电压；测量顺序是先测相电压，后测线电压；测量人员已完成测量前的以下准备工作：宣读第二种工作票、安装完毕电压表的2根绝缘连接线、检查电压表，确认完好且电压指针在“0”位、测量人员（其中1人监护）已到达合适于测量的位置等。

(1) 测量相电压的方法。

1) 检查确认电压表量程挡位已在最大量程挡位上（如600V挡位）。若转换开关在其他量程挡位上，则将其调整到最大量程挡位上。

2) 试探性地测量相电压。使用绝缘工具（下同）搭接测量绝缘连接线时：先将第一根绝缘连接线搭接于中性线（零线）上并稳住不动；后将第二根绝缘连接线先后分别接触A、B、C相导线，观察各相的相电压概值。若电压指针停在预计的600V挡位刻度全量程前段1/3位置附近，表明被测电压无异常，可进行下一步的测量程序。若发现电压异常，应查明原因再考虑下一步的做法。现假设被测电压正常，可接着进行下一步的测量。

3) 将电压表量程挡位调至合适值（如350V），准确地测量三相的相电压。按上述搭接连接线的方法搭接各相导线的连接线，读取U_a、U_b、U_c值。说明，当电压指针停在该刻度量程最大范围的2/3处时，测量值最准确。测量完毕后应及时做好测量记录。

4) 撤离搭接于中性线和相线上的两根连接线后，将电压表的量程挡位调至最大量程挡位上（如600V挡位）。至此，3个相电压测量完毕，可转入测量线电压程序。

(2) 测量线电压的方法。

1) 确认量程挡位已在最大量程挡位（600V挡）后，将与电压表连接的第一根（绝缘）连接线搭接于A相导线上。

2) 将与电压表连接的第二根连接线搭接于B相导线上，读取A、B相之间的线电压U_{ab}，并做记录。

3) 移动第二根连接线至C相导线上，读取A、C相之间的线电压U_{ac}，并做记录。

4）移动第一根连接线至B相导线上，读取B、C相之间的线电压U_{bc}，并做记录。

5）撤离搭接于带电导线上的所有连接线，将电压表、绝缘工具上的连接线端头解开，确认或恢复电压表量程挡位在最大量程挡位上。

至此，配电线的相电压、线电压的测量工作全部完毕，便可转入下一步的结束阶段、总结阶段的工作。

12.3.3 ZC型接地电阻测试仪的应用

通常将接地电阻测试仪称为接地电阻摇表。厂家在提供测试仪的同时，还随仪器提供3根（或4根）金属探针（长度约0.5m）及2根绝缘铜芯软绞线（长40m的1根，长20m的1根）。

1. ZC型接地电阻测试仪的外部件简介

（1）手摇发电机的摇手柄。摇手柄在测试仪的右侧面，额定转速120r/min。手摇发电机是测试仪的测试电源。

（2）流比计。流比计的指针设在仪表面上。流比计的指针是绕表轴左、右摆动的，沿着指针摆动的扇形弧线位置上标有若干条刻度线，并在正中央的刻度线上标上“0”字。

（3）量程倍率旋钮。量程倍率旋钮设在仪表面上，在倍率旋钮的周边标有倍率标尺，标尺即是倍率档位，它共有三个档位。

档位就是度量单位，常用的档位有：

1）0.1/1/10Ω档位的测试仪，在倍率标尺上标为：×0.1、×1、×10；

2）1/10/100Ω档位的测试仪，在倍率标尺上标为：×1、×10、×100。

（4）测量标度盘。测量标度盘设在仪表面上，在测量标度盘的旁边标有一个读数基准点。

测量标度盘是一个圆形旋钮，沿其圆周按一长一短相间地刻画20条短线，然后在其中的长刻线上按顺序标0、1、2、…、10数字。

（5）接线端钮（接线柱）。目前有两种用途的ZC型接地电阻测试仪，其接线端钮不同。

1）测量接地电阻的测试仪，共有3个接线端钮，从左向右排列为E、P、C端钮。

2）测量土壤电阻率和接地电阻的测试仪，共有4个接线端钮，从左向右排列为E、E、P、C或C_2、P_2、P_1、C_1端钮。

2. 使用接地电阻测试仪的安全措施

（1）要在工作票签发人发出许可进行杆塔接地电阻测量的口头或电话命令后，才能进行接地电阻测量工作。

工作票制度规定：“测量接地电阻、……等按口头或电话命令执行”。那么，测量杆塔接地电阻的口头或电话命令应由谁发布？在DL 409—1991《电业安全工作规程（电力线路部分）》和《云南电网公司配电网电气安全工作规程（2011年版）》中均未对此问题作出明确规定，只明确要按口头或电话命令执行。为此，基层单位在执行过程当中就有违规情况。有些基层领导和运行班长并不是工作票签发人，他们就直接安排人员进行杆塔接地电阻测量工作，这种作法显然是违反工作票制度的。

（2）测量杆塔接地电阻工作，至少应由两人进行，一人操作，一人监护。夜间进行测量工作，应有足够的照明。

（3）可以在线路带电的情况下测量杆塔的接地电阻。

（4）解开或恢复电杆接地装置（由接地体和接地体的引上线或设备外壳的引下线组成）

的引上线时，应戴绝缘手套。

(5) 禁止直接接触与接地装置已断开的带电设备金属外壳（如金属性杆塔）或设备金属外壳。

3. 测量接地电阻和土壤电阻率的接线布置图

三端钮式的测试仪只能用来测量接地电阻。其三个端钮分别标记为 E、P、C。测量接地电阻时要求杆塔中心点、电压探针、电流探针三点在一条直线上，具体连接方法如图 12-1 所示。图中：1、2、3 为绝缘软铜芯连接线，截面大于 2.5mm²；L 为接地装置的 1 根接地带长度，m；$d_{12}=2.5L$；$d_{13}=4L$；探针入地深度约 0.3m。

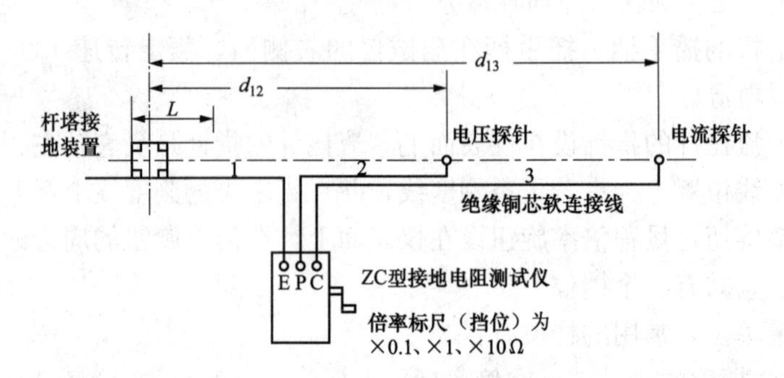

图 12-1 测量接地电阻的接线布置图

四端钮式的测试仪既可以用于接地电阻测量，也可用于土壤电阻率测量。ZC-8 型接地电阻测试仪的四个端钮分别标记为 C_2、P_2、P_1、C_1。ZC-29B-2 型接地电阻测试仪的四个端钮标记为 E、E、P、C。

测量接地电阻时，先用金属连接片将 P_2、C_2 或（E、E）端钮短接，使它变成一个三端钮的测试仪；然后，将 C_2 端钮与被测接地装置连接，P_1 端钮与电压探针连接，C_1 端钮与电流探针连接。杆塔中心点、电压探针、电流探针三点连成一直线，如图 12-1 所示。

测量土壤电阻率时，四个端钮分别与打入地中的相应的接地探针连接。四根入地的探针按直线排列，等距离布置，探针之间的距离为 a，探针的入地深度约 0.3m（说明书要求入地深度为 $a/20$），具体布置与连接方法详见图 12-2。

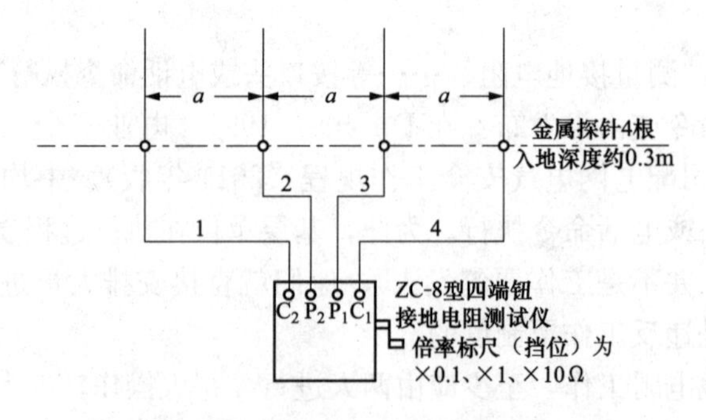

图 12-2 测量土壤电阻率的接线布置图

图中：1、2、3、4 为绝缘铜芯软绞线，截面大于 2.5mm²；a 为探针之间的距离，一般

取 $a=2\sim4$m。

4. 接地电阻的测量

按图 12-1 接线后，便可开始测量接地电阻。

测量步骤如下：

（1）检查流比计指针是否停在零位。若未停在零位，则用零位调整器将其调整到零位。

（2）将“倍率标尺”转换开关置于×10 挡（该表的最大挡位）。

（3）一边摇动 ZC-8 型测试仪的发电机摇手柄（先慢摇，当精确读数时需摇至120r/min），一边调整“测量标度盘”，同时观察流比计指针。如果，流比计指针指向零位，表明已测量完毕。如果，流比计指针无法指向零位，则将“倍率标尺”转换开关置于×1 挡（或×0.1 挡），重复上述操作。依此类推，直至流比计指针指向并稳定在零位。此时，“测量标度盘”标示的读数是处于选定“倍率标尺”倍数下的接地电阻值，但不是实测的接地电阻值。

实测接地电阻计算式为

实测接地电阻值 =“倍率标尺”倍数 ×“测量标度盘”读数

实际接地电阻计算式为

实际接地电阻值 = 季节系数 × 实测接地电阻值

接地装置的季节系数可采用防雷电保护接地装置季节系数，见表 12-1（摘自 DL/T 621—1997《交流电气装置的接地》）。

表 12-1　防雷电保护接地装置的季节系数

埋深（m）	水平接地极	2～3m 垂直接地极
0.5	1.4～1.8	1.2～1.4
0.8～1.0	1.2～1.45	1.15～1.3
2.5～3.0（深埋接地极）	1.0～1.1	1.0～1.1

注　测量土壤电阻率时，如土壤比较干燥，则应采用表中较小值；如土壤较潮湿，应采用较大值。

5. 土壤电阻率的测量

采用四端钮 ZC—8 型接地电阻测试仪测量土壤电阻率的接线布置图如图 12-2 所示。

测量土壤电阻率的方法、步骤与测量接地电阻的方法相同，但测量的对象不相同。按测量接地电阻的布置图测量得到的是接地极（即接地装置）的接地电阻。按测量土壤电阻率的布置图测量得到的是 P1、P2 两电压探针之间的土壤电阻。实测土壤电阻 R 为

实测土壤电阻 R =“倍率标尺”倍数 ×“测量标度盘”读数

实测的平均深度为 a 的土壤电阻率计算式为

$$\rho = 2\pi aR \tag{12-1}$$

式中：ρ 为实测得到的土壤电阻率，Ω·m；R 为实测得到的土壤电阻值，Ω；a 为接地探针的间距，m，一般取 $a=2\sim4$m。

实际土壤电阻率计算式为

实际土壤电阻率 = 季节系数 × ρ

季节系数由表 12-1 查取。

12.3.4 绝缘电阻表的应用

1. 绝缘电阻表的构成、用途、规格、选用原则

绝缘电阻表又称兆欧表。绝缘电阻表是磁电系原理的一种电表，主要由一台手摇发电机和一个磁电系比率表组成。手摇发电机的一般转速为120r/min。表面的指针摆动宽度由“0”至“∞”。表面上设有三个接线柱，即电路（L）、接地（E）和保护环（G）。

绝缘电阻表的用途是测量电气设备绝缘物的绝缘电阻，绝缘电阻的单位是MΩ。

绝缘电阻表的规格有多种，按手摇发电机发出的电压划分，有500V绝缘电阻表、1000V绝缘电阻表、2500V绝缘电阻表、5000V绝缘电阻表等。

选用绝缘电阻表的原则是电压低的设备选用电压低的绝缘电阻表，电压高的设备选用电压高的绝缘电阻表。具体选用时按试验规程的规定执行。例如DL/T 596—1996《电力设备预防性试验规程》第17条表44和表45规定：

测量1kV及以下配电装置和电力布线的绝缘电阻采用1000V的绝缘电阻表。

测量1kV以上架空电力线路的绝缘电阻采用2500V及以上绝缘电阻表，例如5000V绝缘电阻表。

测量电力变压器、多油断路器、重合器、SF_6分段器、支柱绝缘子、悬式绝缘子、金属氧化锌避雷器的绝缘电阻采用2500V绝缘电阻表。

测量1kV及以下电力电缆的绝缘电阻采用1000V绝缘电阻表。

测量1kV以上电缆的绝缘电阻采用2500V绝缘电阻表。

测量二次回路的绝缘电阻选用500V或1000V绝缘电阻表。

2. 使用绝缘电阻表测量停电设备绝缘电阻的安全措施

（1）办理相应的工作票及执行手续。例如：

1）测量运用中架空线路的绝缘电阻，要填用第一种工作票。

2）测量台架式配电变压器的绝缘电阻，需进行两项工作：一是拉开、合上控制变压器的跌落式熔断器时，需按口头或电话电气操作指令进行；二是在台架上方仍带电而下方局部停电情况下进行变压器绝缘电阻测量时，要根据现场安全环境来选择填用第一种或第二种工作票。

（2）测量绝缘电阻，至少应由两人进行，一人操作，一人监护。夜间进行测量工作，应有足够的照明。

（3）要针对测量对象选用相应电压等级的绝缘电阻表。

（4）在测量之前要将被测设备停电，并验明已无电压，确认被测设备上已无人和施测时周围环境是安全的。

在进行测量之前，除将被测设备的各方电源断开，验明无电压，确认设备上无人之外，还要将其对地放电（测量绝缘电阻之后，还要将该设备对地放电）；在必要时，应在被测设备周围设置遮栏或围栏，悬挂“止步，高压危险!”标志牌，并设专人看守。

若被测线路或设备有感应电时，必须将使被测线路或设备产生感应电的带电线路或设备同时停电，在未消除被测线路或设备上的感应电之前，不得测量被测线路或设备的绝缘电阻。

禁止有雷电时测量线路的绝缘电阻或测量线路上有关设备的绝缘电阻。

（5）在高处进行绝缘电阻测量时，应遵守高空作业的安全措施（有关措施详见本单元12.3.1中2.在高空处使用钳形电流表的安全措施部分）。

3. 用绝缘电阻表测量绝缘电阻的方法

(1) 做好测量前的准备工作。在进行测量之前，除完成安全措施之外，还要做好以下技术性的准备工作。

1) 正确选用测量用绝缘铜芯软连接线。用于测量绝缘电阻的绝缘铜芯软连接线必须是单根的截面不小于 $2.5mm^2$ 的绝缘铜芯软导线，其端部应有绝缘套，绝缘铜芯软导线的绝缘电阻需高于被测设备的绝缘电阻。不得用一段由两根绝缘铜芯软导线绞合成一股的导线在其两端拆开成两根用来代替两根单根导线作为绝缘铜芯软连接线使用。

2) 做好绝缘电阻表外壳的对地绝缘或接地工作。若绝缘电阻表的外壳是非金属的，则将其对地绝缘；若外壳是金属的，应将其外壳良好接地。

3) 检查绝缘电阻表（简称电表）的准确性——作开路与短路试验。

4) 做好测量绝缘电阻的正确接线工作。被测对象不同，测量接线方法是有差别的。

a) 测量配电变压器绝缘电阻的接线方法

首先，变压器停电后，将变压器对地放电；将高、低压套管擦拭干净；分别将变压器高压侧三相线圈出线、低压侧三相线圈出线与中性线短接；将中性点接地线拆开；测量油浸式变压器上层油温（因绝缘电阻与温度有关）。

其次，接线。

测量高（低）压线圈对地绝缘电阻的接线方法：将与电表接线柱（L）连接的连接线接到高（低）压线圈上；将与接地接线柱（E）连接的连接线接到变压器外壳及低（高）压线圈上并接地。

测量高、低压线圈之间绝缘电阻的接线方法：将与电表接线柱（L）连接的连接线接到高压线圈上；将与接地接线柱（E）连接的连接线接到低压线圈上。

b) 测量架空线路一根导线绝缘电阻的接线方法

首先，将被测架空线路停电，架空线首、尾两端处于断开状态（假设无分支线，若有分支线，分支线的端部也要断开）；确认架空线上无感应电压；验电并将架空线对地放电。

其次，接线。将与电表接线柱（L）连接的连接线接到被测导线上；将与接地接线柱（E）连接的连接线接到接地极上。

c) 测量电力电缆一相导线对地绝缘电阻的接线方法

DL/T 596—1996《电力设备预防性试验规程》规定，测量电力电缆主绝缘的绝缘电阻时，应分别在每一相上进行。于是测量一相导线的绝缘电阻的接线方法如下：

首先，将电缆停电，电缆首、尾两端处于断开状态（假定无分支电缆）；验电并将电缆三相导线对地放电；将两端电缆头擦拭干净。

其次，接线。将与电表接线柱（L）连接的连接线接到电缆一相导线上；将与电表接地接线柱（E）连接的连接线接到电缆铠装金属带及其他两相导线上并一起接地。

d) 测量针式绝缘子绝缘电阻的接线方法

首先，在线路已停电状态下，将固定在针式绝缘子上的导线移开，擦拭干净绝缘子。

其次，接线。将与电表接线柱（L）连接的连接线接到绝缘子颈部；将与电表接地接线柱（E）连接的连接线接到绝缘子的铁脚上。

(2) 测量绝缘电阻的方法。按前面要求做好测量前的准备工作（包括正确接线）后，即可开始进行绝缘电阻测量工作。

现以测量变压器高压绕组对地绝缘电阻为例说明绝缘电阻的测量方法。

测量变压器高压绕组对地绝缘电阻的接线如前面所述。其测量方法如下：

1）均速摇动绝缘电阻表手柄（120r/min），在均速转动15s和60s时分别读取兆欧数，并做记录。

2）停止摇动手柄，将被测物（变压器绕组）对地放电，拆除接在被测物（变压器）上的连接线。到此，该测量项目的测量工作完毕，便可重复1）、2）的步骤，进行变压器其他项目的绝缘电阻测量工作。

其他电气设备绝缘电阻的基本测量步骤类似于变压器绝缘电阻的测量方法，可归纳如下：

1）做绝缘电阻表的开路和短路试验。

2）按规定做好测量项目的接线工作。接线前，将被测对象对地放电。

3）均速摇动绝缘电阻表手柄（120r/min），在60s时读取兆欧数，并做记录。

4）停止摇动手柄，将被测物对地放电，拆除被测对象上的连接线，表示该项目的绝缘电阻测量工作已完毕。如果还有其他测量项目，便可重复1）、2）的步骤进行其他项目的绝缘电阻测量。

12.4 常用绝缘工具和登高、起重工具的试验

常用电气绝缘工具的试验标准见表12-2。登高、起重工具的试验标准见表12-3。

表12-2 常用电气绝缘工具试验标准一览表

序号	名 称	电压等级（kV）	周 期	交流耐压（kV）	时间（min）	泄漏电流（mA）	备 注
1	绝缘棒	6～10	每年一次	44	5		
		35～154		4倍相电压			
		220		3倍相电压			
2	绝缘挡板	6～10		30	5		
		35（20～44）		80			
3	绝缘罩	35（20～44）		80			
4	绝缘夹钳	35及以下		3倍线电压	5		
		110		260			
		220		400			
5	验电笔	6～10		40	5		发光电压不高于额定电压的25%
		20～35		105			
6	绝缘手套	高压	每六个月一次	8	1	≤9	
		低压		2.5		≤2.5	
7	橡胶绝缘靴	高压		15	1	≤7.5	
8	核相器电阻管	6		6	1	1.7～2.4	
		10		10		1.4～1.7	
9	绝缘绳	高压		105/0.5m	5		

表 12-3 登高、起重工具试验标准表

分类	名称	试验静重（允许工作倍数）	试验周期	外表检查周期	试荷时间（min）	试验静拉力（N）
登高工具	安全带大带 小带		半年一次	每月一次	5	2205 1470
	安全腰带				5	2205
	升降板				5	2205
	脚扣				5	980
	竹（木）梯				5	试验荷重 1765N
起重工具	白棕绳	2	每年一次	每月一次	10	
	钢丝绳	2			10	
	铁链	2			10	
	葫芦及滑车	1.25			10	
	扒杆	2			10	
	夹头及卡	2			10	
	吊钩	1.25			10	
	绞磨	1.25			10	

LE13 接地装置工频接地电阻的计算

13.1 接地装置及其型式

接地装置是指接地线和接地极的总和。接地极也称为接地体。

（1）接地线，是将电气装置、设施的接地端子与接地极连接起来的金属导电部分。

（2）接地极，埋入地中并直接与大地接触的金属导体。

人工接地装置的接地极有三种基本型式：垂直接地极、水平接地极、复合式接地极（一般以水平接地极作为闭合外缘）。

13.2 接地线和接地极的材料和最小规格

GB 50169—2006《接地装置施工及验收规范》规定：接地装置宜采用钢材。钢接地装置的导体截面应符合热稳定和机械强度的要求，但不应小于表13-1所列规格；低压电气设备地面上外露的铜和铝接地线的最小截面应符合表13-2的规定。关于热稳定的校验，请参阅DL/T 621—1997《交流电气装置的接地》的附录C接地装置的热稳定校验。

表13-1　钢接地体和接地线的最小规格（摘自GB 50169—2006）

种类、规格及单位		地上		地下	
		室内	室外	交流电路回路	直流电流回路
圆钢直径（mm）		6	8	10	12
扁钢	截面（mm^2）	60	100	100	100
	厚度（mm）	3	4	4	6
角钢厚度（mm）		2	2.5	4	6
钢管管壁厚度（mm）		2.5	2.5	3.5	4.5

注　电力线路杆塔的接地体引出线的截面不应小于$50mm^2$，引出线应热镀锌。

表13-2　低压电气设备地面上外露的铜和铝接地线的最小截面（摘自GB 50169—2006）

名　称	铜（mm^2）	铝（mm^2）
明敷的裸导体	4	6
绝缘导体	1.5	2.5
电缆的接地芯或与相线包在统一保护外壳内的多芯导线的接地芯	1	1.5

其他规定：在地下不得采用裸铝导体作为接地极或地线，不得利用蛇皮管、管道保温层的金属外皮或金属网以及金属保护层作接地线。

13.3 配电线路各种接地的工频接地电阻值

按接地的作用来划分，可将接地分为工作系统接地、保护接地、重复接地、接中性线、防雷接地、防静电接地。

配电线路及其设备的接地和规定的工频接地电阻值可由表13-3查得。表13-3是根据SD 292—1988《架空配电线路及设备运行规程（试行）》等规程、规范的有关规定编制而成的。当配电线路的某种设备同时需要几种接地，且按其中工频接地电阻最小的接地来设计接地装置时，则允许几种接地共用该接地装置。在表13-3中将该接地装置称为共用接地。例如，10/0.4kV配电变压器所采用的避雷器防雷接地要求的接地电阻为10Ω，变压器保护接地和低压侧中性点的工作接地要求的接地电阻为4Ω，显然在三个接地要求的接地电阻中，保护接地和中性点要求的接地电阻最小。此时，如果按4Ω设计接地装置，那么，变压器保护接地、避雷器防雷接地、中性点工作接地都可以接在此接地装置上，于是，这个接地装置便是共用接地。

表13-3　　配电线路的各种接地及其工频接地电阻值

<table>
<tr><th colspan="2" rowspan="2">需要接地的设备名称</th><th colspan="2">接　地</th><th rowspan="2">工频接地电阻（Ω）</th><th rowspan="2">备注（依据）</th></tr>
<tr><th>接地点</th><th>接地用途</th></tr>
<tr><td rowspan="2">配电变压器及其保护用避雷器</td><td>总容量100kVA及以上</td><td>变压器低压侧中性点、外壳、避雷器</td><td>共用接地（工作接地、保护接地、防雷接地共用）</td><td>≤4</td><td>SD 292—1988第5.0.8条
DL/T 621—1997第3.2条</td></tr>
<tr><td>总容量100kVA及以下</td><td>变压器低压侧中性点、外壳、避雷器</td><td>共用接地（工作接地、保护接地、防雷接地共用）</td><td>≤10</td><td>SD 292—1988第5.0.8条
DL/T 621—1997第3.2条</td></tr>
<tr><td rowspan="4">三相四线0.38/0.22kV低压线路的中性线</td><td rowspan="2">变压器总容量100kVA及以上</td><td>变压器低压侧中性点</td><td>工作接地</td><td>≤4</td><td>SD 292—1988第5.0.8条、第5.0.9条</td></tr>
<tr><td>干线和分干线的终端处；进入车间或大型建筑物处</td><td>重复接地</td><td>≤10</td><td>SD 292—1988第5.0.9条</td></tr>
<tr><td rowspan="2">变压器总容量100kVA以下</td><td>变压器低压侧中性点</td><td>工作接地</td><td>≤10</td><td>SD 292—1988第5.0.8条、第5.0.9条</td></tr>
<tr><td>干线和分干线的终端处；进入车间或大型建筑物处</td><td>重复接地（要求不少于3处）</td><td>≤30</td><td>SD 292—1988第5.0.8条
第5.0.9条</td></tr>
<tr><td colspan="2">配电变压站（屋式和箱式）</td><td>变压器低压侧中性点，设备及箱变外壳、避雷器</td><td>共用接地（工作接地、保护接地、防雷接地共用）</td><td>≤4</td><td>SD 292—1988第5.0.11条</td></tr>
<tr><td colspan="2" rowspan="2">柱上断路器、隔离开关、熔断器等设备及其保护用避雷器</td><td rowspan="2">设备外壳及传动构件、避雷器</td><td rowspan="2">共用接地（保护接地、防雷接地共用）</td><td rowspan="2">≤10</td><td>SD 292—1988第5.0.10条
DL/T 621—1997第4.1条
GB 50169—1992第2.1.1条</td></tr>
<tr><td>经常断路运行又带电的柱上断路器等应在带电侧装阀型避雷器（DL/T 621—1997第8.4条）</td></tr>
<tr><td rowspan="2">10kV（35kV）配电线路（中性点不接地系统）</td><td>无避雷线</td><td>居民区的非沥青地面的金属或钢筋混凝土杆塔</td><td>保护接地</td><td>30</td><td>DL/T 621—1997第5.2.1条
GB 50061—1997第5.0.14条
GB 50169—1992第2.1.1条</td></tr>
<tr><td>有避雷线</td><td>每基杆塔</td><td>防雷接地</td><td>土壤电阻率（Ω·m）：100及以下，为10；100～500，为15；500～1000，为20；1000～2000，为25；2000以上，为30</td><td>SD 292—1988第5.0.12条
GB 50061—1997第5.0.14条</td></tr>
</table>

续表

需要接地的设备名称	接地		工频接地电阻（Ω）	备注（依据）
	接地点	接地用途		
电力电缆	接头、终端头、膨胀器的金属外壳、电缆的金属护层、可触及的电缆金属保护管、穿线的钢管、电缆桥架、支架、井架	保护接地	10	GB 50061—1997 第 2.1.1 条
	低压电缆引入建筑物处	重复接地	10	DL/T 621—1997 第 7.2.1 条

13.4 供设计接地装置用的土壤电阻率的计算

供设计接地装置用的土壤电阻率计算式为

$$\rho = \psi\rho_{sc} \tag{13-1}$$

式中：ρ 为供设计人工接地装置而使用的土壤电阻率，Ω·m；ρ_{sc} 为实测得到的土壤电阻率，Ω·m，测量方法详见 LE12 常用仪器仪表工具及其应用中土壤电阻率的测量部分；ψ 为土壤的季节系数，根据实测土壤电阻率时土壤的潮湿情况从表 12-1 查得。

13.5 人工接地装置工频接地电阻的计算

当已知接地极（接地装置）的工频接地电阻值和已计及季节系数的土壤电阻率后，便可从典型接地装置设计方案中直接选用适用的接地装置的设计型号。

如果没有现成的设计方案可供选用，则可按下面介绍的计算公式计算有关型式接地装置（接地极）的工频接地电阻值（简称接地电阻）。主要的计算公式引自 DL/T 621—1997《交流电气装置的接地》附录 A 接地极工频接地电阻的计算和附录 D 架空线路杆塔接地电阻的计算。

说明：运行单位自行施工的接地装置，由于受施工条件限制，所采用的垂直接地极长度和复合式接地网的面积一般都达不到接地电阻简易计算的要求条件（例如简易计算要求垂直接地极要达到 3m，但运行单位采用的垂直接地极一般仅为 1.5m 左右），故在本教材中不介绍接地电阻的简易计算公式。

13.5.1 垂直接地极的接地电阻计算

（1）单根垂直接地极的接地电阻计算。单根垂直接地极的敷设示意图如图 13-1 所示。

当 $l \gg d$ 时，单根垂直接地极的接地电阻的计算式为

$$R_v = \frac{\rho}{2\pi l}\left(\ln\frac{8l}{d} - 1\right) \tag{13-2}$$

式中：R_v 为单根垂直接地极的接地电阻，Ω；ρ 为供设计接地电阻使用的土壤电阻率，Ω·m；l 为垂直接地极在地中的长度，m；d 为圆钢的直径，用其他型式的钢材作接地极时，d 为等效直径，m。

几种常用型式钢材如图 13-2 所示，其等效直径分别为：

1）钢管，$d=d_1$；

2）扁钢，$d=\frac{b}{2}$；

3）等边角钢，$d=0.84b$；

4）不等边角钢，$d=0.71\sqrt[4]{b_1b_2(b_1^2+b_2^2)}$。

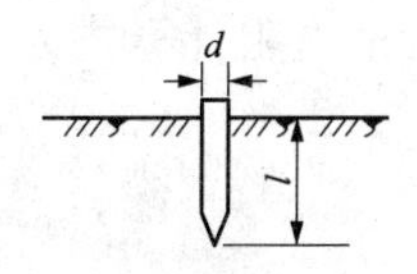

图 13-1 单根垂直接地极敷设示意图

d—圆钢的直径；

l—垂直接地极在地中的长度

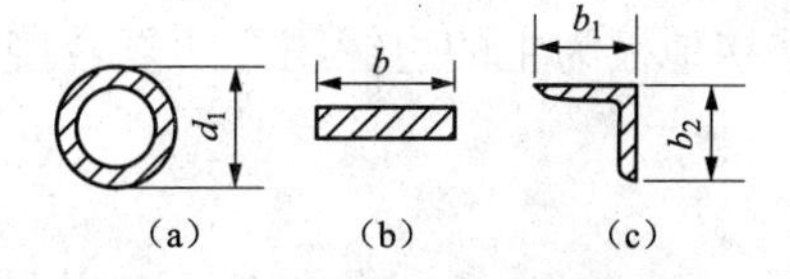

图 13-2 几种常用型式钢材

(a) 钢管；(b) 扁钢；(c) 角钢

（2）由多根垂直接地极组成的接地装置接地电阻计算。由多根垂直接地极组成的接地装置，在不计及水平连接线接地电阻的情况下，其接地电阻计算式为

$$R_v=\frac{R_{v1}}{n\eta} \tag{13-3}$$

式中：R_v 为由多根垂直接地极组成的接地装置的接地电阻，Ω；R_{v1} 为单根垂直接地极的接地电阻，可按式（13-2）计算，Ω；n 为近似等长的垂直接地极根数；η 为接地装置的工频利用系数，$\eta\approx\eta_i/0.9\leqslant1$，其中 η_i 为冲击利用系数。

人工接地极的冲击利用系数可按表 13-4 查得。

表 13-4 人工接地极的冲击利用系数 η_i

接地极型式	接地极的根数	冲击利用系数	备　注
n 根水平射线（每根长 10～80m）	2	0.83～1.0	较小值者用于较短的射线
	3	0.75～0.90	
	4～6	0.65～0.80	
以水平接地极连接的垂直接地极	2	0.80～0.85	$\frac{D}{l}=2\sim3$，系数较小值用于 $\frac{D}{l}=2$。其中：D 为垂直接地极之间的间距；l 为垂直接地极的入地长度
	3	0.70～0.80	
	4	0.70～0.75	
	6	0.65～0.70	

13.5.2 水平接地极的接地电阻计算

各种不同形状的水平接地极的接地电阻计算式为

$$R_h=\frac{\rho}{2\pi L}\left(\ln\frac{L^2}{hd}+A\right) \tag{13-4}$$

式中：R_h 为水平接地极的接地电阻，Ω；ρ 为供设计接地装置使用的土壤电阻率，Ω·m；L 为水平接地极的总长度，m；h 为水平接地极的埋设深度，一般 $h=0.6\sim0.8$m，GB 50169—1992 规定接地极顶面深度不宜小于 0.6m；d 为水平接地极的直径或等效直径［即式（13-2）中的等效直径]，m；A 为水平接地极的形状系数，可从表 13-5 中查得。

表 13-5 水平接地极的形状系数 A

水平接地极形状	—	∟	人	○	＋	□	⋋⋌	⋇	✳	✳
形状系数 A	−0.6	−0.18	0	0.48	0.89	1	2.19	3.03	4.71	5.65

13.5.3 复合接地极的接地电阻计算

以水平接地极为主的边缘闭合的复合接地极（接地网）的接地电阻计算式为

$$R_n = \alpha_1 R_e \tag{13-5}$$

其中

$$\alpha_1 = \left(3\ln\frac{L_0}{\sqrt{S}} - 0.2\right)\frac{\sqrt{S}}{L_0}$$

$$R_e = 0.213\frac{\rho}{\sqrt{S}}(1+B) + \frac{\rho}{2\pi L}\left(\ln\frac{S}{9hd} - 5B\right)$$

$$B = \frac{1}{1+4.6\dfrac{h}{\sqrt{S}}}$$

式中：R_n 为任意形状边缘闭合接地网的接地电阻，Ω；R_e 为等值（即等面积、等水平接地极总长度）方形接地网的接地电阻，Ω；S 为接地网的总面积，m^2；d 为水平接地极的直径或等效直径［见式（13-2）的等效直径］，m；h 为水平接地极的埋设程度，m；L_0 为接地网的外缘边线总长度，m；L 为水平接地极的总长度，m。

13.5.4 接地装置的其他计算

当接地装置的接地电阻大于规定值时，就需要补埋接地极并将它与原接地装置并联在一起。当不考虑工频利用系数时，补埋的接地极的接地电阻计算式为

$$R_2 = \frac{RR_1}{R_1 - R} \tag{13-6}$$

式中：R 为接地装置应达到的规定的接地电阻值，Ω；R_1 为接地装置现在的接地电阻值（它大于规定值），Ω；R_2 为补埋接地极的接地电阻值，Ω。

在计算出补埋接地极的接地电阻值后，就可以按前面介绍的公式计算补埋接地极的数量。但应在此计算数量基础上适当增加数量，以补偿因未计工频利用系数而造成补埋接地极计算数量的偏小。

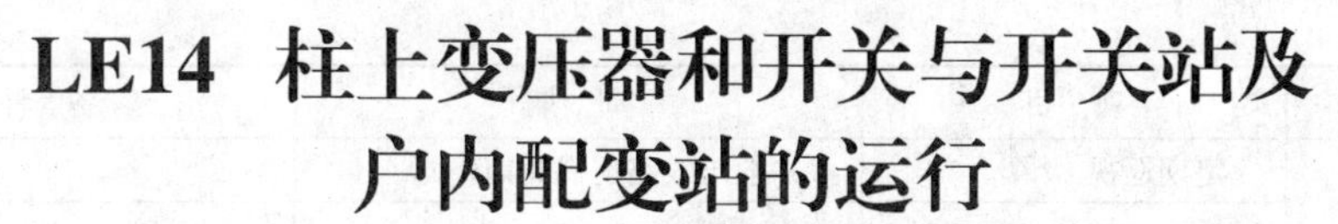

LE14 柱上变压器和开关与开关站及户内配变站的运行

14.1 设备与设施巡视及检测的周期表

14.1.1 说明

（1）柱上变压器。柱上变压器包括安装在电杆台架、砖石平台、屋顶、地面基础上的变压器与配电设备以及围栏、围墙等。柱上变压器是一种户外配变站。

（2）柱上开关。柱上开关包括安装在电杆上的断路器（油断路器、六氟化硫断路器、真空断路器）、负荷开关、重合器、分段器、隔离开关、跌落式熔断器等。

（3）配电变电站。配电变电站（简称配变站）包括户外的柱上变压器和户内的室内配电变电站、箱式配电变电站（简称箱变）。箱变分为欧式箱变和美式箱变。

14.1.2 配电设备与设施巡视、检测周期表

配电线路柱上变压器和开关与开关站及户内配变站的巡视、检测周期见表14-1。

表14-1是根据中国南方电网公司Q/CSG 20124—2009《中低压配电运行管理标准》、Q/CSG 10012—2005《中国南方电网城市配电网技术导则》和SD 292—1988《架空配电线路及设备运行规程（试行）》以及DL/T 596—1996《电力设备预防性试验规程》有关规定编制而成的周期表。

表14-1　配电线路柱上变压器和开关与开关站及户内配变站的巡视、检测周期

序号	设备名称	项目	周期	备注
1	柱上变压器	定期巡视	市区每月至少1次；郊区及农村每季度至少1次（柱上变压器巡视周期一般与线路巡视周期相同）	可根据负荷状况及负荷重要程度适当增加巡视次数
		套管清扫、熔丝检查等维护工作	3～5年1次	重污区适当增加维护次数
		负荷测量	安装有监测仪的公用变压器根据数据存储时间采集全部整点数据；未安装监测仪的公用变压器每年负荷高峰至少测一次负荷	要求公用变压器安装综合电压监测仪
		变压器绝缘电阻	1年1次	也适用于户内配变站
		油耐压、水分试验	5年至少1次	也适用于户内配变站中的油变压器
		阀型避雷器绝缘电阻、电导电流、工频放电电压	1～3年1次	也适用于柱上开关、开关站、户内配变站
		金属氧化物避雷器绝缘电阻	每年雷雨季前1次	也适用于柱上开关、开关站、户内配变站
		接地电阻测量	3～10年1次	也适用于柱上开关、开关站、户内配变站

续表

序号	设备名称	项目	周期	备注
2	柱上开关	定期巡视	一般与线路巡视周期相同	
		绝缘电阻、交流耐压试验	1～3年1次	
		开关带电指示器、SF_6气压检查、SF_6开关压力表校验	每月1次；SF_6开关压力表校验1～3年1次	
		避雷器、接地电阻检测	与柱上变压器的避雷器等的检测项目、周期相同	
3	开关站	定期巡视	每月至少1次（开关站巡视周期一般与线路巡视周期相同）	可根据状态评价调整巡视周期，重要设备应适当增加巡视次数
		带电指示器、SF_6气压检查	每月至少1次	
		开关的绝缘电阻、交流耐压试验	1～3年1次	
		保护装置、仪表等二次设备检验	3年1次	
		防火器具检查	1年1次	
		避雷器、接地电阻检测	与柱上变压器的避雷器等的检测项目、周期相同	
4	户内变电站、箱式变电站	定期巡视	每月至少1次（户内变电站巡视周期一般与线路巡视周期相同）	
		套管清扫、熔丝检查等维护工作	3～5年1次	
		变压器绝缘电阻测量	1年1次	
		变压器负荷测量	装有监测仪的公用变压器根据数据存储时间采集整点数据；未装监测仪的公用变压器每年负荷高峰至少测1次负荷	
		SF_6气压检查	每月1次	
		SF_6开关柜绝缘电阻、交流耐压试验	1～3年1次	
		保护装置、仪表二次设备检验	3年1次	
		防火器具检查	1年1次	
		避雷器、接地电阻测量	与柱上变压器的避雷器等的检测项目、周期相同	

14.2 配电设备巡视检查的一般内容

（1）对安装设备的构架、基础和设备安装的牢固性进行巡视检查。应检查安装在台架上的变压器是否牢靠地绑固在电杆上。

（2）对配电设备的绝缘部件进行检查。应检查套管、绝缘子、瓷套等是否有破损、裂纹、闪络、严重污秽等情况，检查绝缘导线的绝缘层是否老化、破损、剥落。

（3）对配电设备的安全距离进行检查。应检查导线的连接引流线、引线的相间距离和对地（杆塔、构件、拉线）距离，高低压导线之间的距离是否符合规程要求；检查带电设备对地、对建筑物、对遮栏、对围栏的距离以及遮围栏的型式、高度、好坏程度是否符合规程要求。

GB 50173—1992《35kV及以下架空电力线路施工及验收规范》规定，1～10kV线路每相引流线、引下线与邻相的引流线、引下线或导线之间的净空距离不应小于300mm，1kV以下不应小于150mm；导线与拉线、电杆或构架之间的净空距离，1～10kV不应小于200mm，1kV以下不应小于100mm。

GB 50173—1992《35kV及以下架空电力线路施工及验收规范》和Q/CSG 10012—2005《中国南方城市配电网技术导则》规定，变压器台架（变压器底部）对地距离不应小于2.5m，高压熔断器对地距离不应低于4.5m，熔管轴线与地面垂线夹角为15°～30°，熔断器水平相间距离不应小于0.5m。

（4）对配电线路设备的电气连接情况进行检查。应检查引流线、引下线中导线接头的连接方法及连接质量，连接金具是否锈蚀和缺乏配件，不同金属导线的连接是否使用了过渡金具，接头是否存在过热、烧损、熔化情况。

GB 50173—1992《35kV及以下架空电力线路施工及验收规范》规定：不同金属导线的连接，应用可靠的过渡金具进行接续；用并沟线夹连接时，每个接头的并沟线夹数不少于2个；用绑扎法连接时，应采用与导线相同金属的单根绑扎线，其直径不小于2.0mm，接头的绑扎长度符合表14-2的要求。

表14-2　用绑扎法连接导线时接头的绑扎长度

导线截面（mm^2）	绑扎长度（mm）
35及以下	≥150
50	≥200
70	≥250

杆上避雷器的安装，避雷器的相间距离为：1～10kV不小于350mm，1kV以下不小于150mm。采用绝缘导线作为避雷器的引下线时，其截面为：引下线，铜线不小于$16mm^2$，铝线不小于$25mm^2$；接地引下线，铜线不小于$25mm^2$，铝线不小于$35mm^2$。

Q/CSG 10012—2005《中国南方电网城市配电网技术导则》规定：柱上变压器的高压引线宜采用多股绝缘线，其截面按变压器额定电流选择，但不应小于$25mm^2$。

（5）对配电设备的外壳进行检查。要求设备的外壳无脱漆、锈蚀现象，焊口无裂纹、渗油现象，密封垫无老化、开裂、渗油现象，接地端钮连接良好。

（6）对配电设备的状态位置指示进行检查。要求开关的分合指示与实际情况一致；开关的气体压力表完好，指示正确；变压器的分接头位置正确，三相挡位一致；油浸式变压器的实际油位指示与相应油温标示位置一致。

（7）对配电设备运行声音、温度、气味、绝缘油和变色硅胶的颜色、室内通风等进行检查。要求各种情况正常。

(8) 对配电设备标志进行检查。应检查柱上变压器和开关与开关站及户内配变站（包括箱变）的设备名称和编号、相位（或相色）标志、安全警示标志是否齐全、清楚。

(9) 对配电设备的周围情况进行检查。应检查设备的周围是否存在危及设备安全的施工，是否存在有害气体、腐蚀性液体，是否堆放危及安全的物品等。

(10) 对接地装置（包括接地引下线和接地极）和接地电阻进行检查。应检查接地引下线的锈蚀与连接情况和颜色标识（应涂黑色或绿、黄两色相间的颜色）以及接地极地下部分的锈蚀情况。

(11) 对配电设备的铭牌进行检查。要求铭牌完好、字迹清晰。要求设备安装处的实际负荷电流、短路电流、短路容量分别小于设备的额定电流、极限通过电流或额定开断容量。

(12) 对户内配变站的照明、防火设施、防小动物、安全用具等防护措施进行检查。要求照明充足，防护措施齐备完好，灭火消防设备、器材齐备完好，短路接地线、绝缘手套、绝缘靴等齐备完好。

(13) 对监测仪表和继电保护装置的完好情况、指示是否正确、规格是否恰当等进行检查。要求监测仪表、继电保护装置完好、指示正确、仪表等规格合适，高压熔断器熔丝容量合适。

关于变压器熔丝的选择，按 SD 298—1988《架空配电线路及设备运行规程（试行）》规定：

变压器熔丝选择，应按熔丝的安秒特性曲线选定。如无特性曲线可按以下规定选用：

一次侧熔丝的额定电流按变压器额定电流的倍数选定，10～100kVA 变压器为 2～3 倍，100kVA 以上变压器为 1.5～2 倍。多台变压器共用一组熔丝时，一次侧熔丝的额定电流按各台变压器额定电流之和的 1.0～1.5 倍选用。

二次侧熔丝的额定电流按变压器二次侧额定电流选用。单台电动机的专用变压器，考虑起动电流的影响，二次侧熔丝额定电流可按变压器二次侧额定电流的 1.3 倍选用。熔丝的选择应考虑上下级保护的配合。

无功补偿电容器保护熔丝可按电容器的额定电流的 1.2～1.3 倍进行整定。

14.3　需及时处理的异常情况

14.3.1　配电变压器的异常情况

巡视发现配电变压器有下列情况之一者应进行检查、处理：

(1) 瓷件裂纹、击穿、烧损、严重污秽，瓷裙损伤面积超过 $100mm^2$。

(2) 导电杆端头过热、烧损、熔结。

(3) 漏油、严重渗油、油标上见不到油面。

(4) 绝缘油老化，颜色显著变深。

(5) 外壳和散热器大面积脱漆，严重锈蚀。

(6) 有异音、放电声、冒烟、喷油和过热现象等。

经检查确认需要作加大配电变压器容量时，可采用加大单台变压器容量或加一台并联运行变压器的方法处理，但需注意两点：

(1) 按 Q/CSG 10012—2005《中国南方电网城市配电网技术导则》规定：中压柱上变

压器单台容量不宜大于500kVA；配电站（配变站）的油浸式变压器单台容量不宜大于630kVA，干式变压器的单台不宜大于800kVA。

（2）变压器并联运行应符合下列条件：

1）额定电压相等，电压比允许相差±0.5%。

2）阻抗电压相差不得超过10%。

3）接线组别相同。

4）容量比不得超过3∶1。

14.3.2　10kV隔离开关与熔断器的异常情况

检查发现隔离开关与熔断器有以下缺陷时，应及时处理：

（1）熔断器的消弧管内径扩大或受潮膨胀而失效。

（2）触头接触不良，有麻点、过热、烧损现象。

（3）触头弹簧片的弹力不足，有退火、断裂等情况。

（4）操动机构操作不灵活。

（5）熔断器熔管易跌落，上下触头不在一条线上。

（6）相间距离不足0.5m，跌落熔断器（熔丝管轴线）安装倾斜角超出15°～30°范围。

14.3.3　无功补偿电容器的异常情况

巡视发现电容器有下列情况时应停止运行，进行处理：

（1）电容器爆炸、喷油、漏油、起火、鼓肚。

（2）套管破损、裂纹、闪络烧伤。

（3）接头过热、熔化。

（4）单台熔断器熔丝熔断。

（5）内部有异常声响。

14.3.4　其他设备的异常情况

其他设备，例如断路器、隔离开关等出现异常情况时，按相应的规程进行判断和处理。

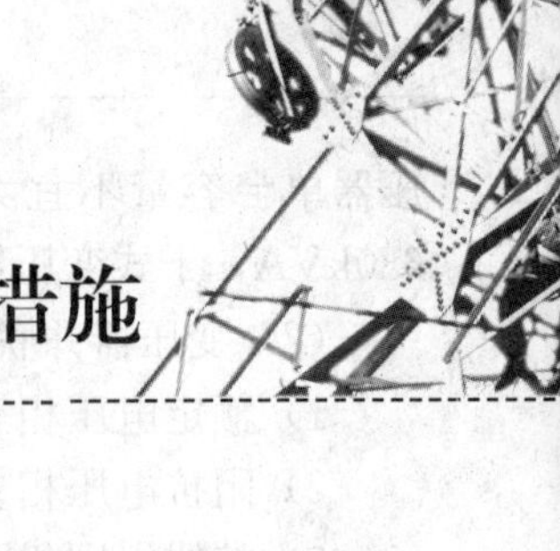

LE15　架空配电线路的典型反事故措施

本学习单元是根据国家法律和国家、电力行业、中国南方电网公司颁发的有关标准、规程、反事故措施以及结合云南地区的运行经验归纳而成的预防 10kV 架空配电线路发生常见设备事故的典型措施。配电运行班技术负责人应掌握这些典型的反事故措施。

15.1　认真贯彻《安全生产工作规定》和反事故措施

《安全生产工作规定》（简称《规定》）和上级印发的反事故措施是预防电力生产事故的基本措施。

电网公司中的领导层、管理层、执行层的各级人员都必须认真学习与贯彻执行《规定》，严格落实各级人员的安全生产责任制，落实《规定》中明确的各级人员各项预防人身事故、电网事故、设备事故的措施。班组领导及班组成员是安全生产保证体系和监督体系中的执行层之一。执行层中的各种人员应学习与掌握相关安全技术和技能。执行层人员的主要任务就是在生产工作中执行上级的规定、标准、规程与制度、上级下发的反事故措施，预防发生事故。

15.2　提高设计与施工质量

15.2.1　提高设计质量

运行单位、班组应主动向设计单位提供当地关于防冰、防风、防污闪、防雷、防腐蚀、防外力破坏等运行经验；设计单位应积极开展设计调研、听取运行单位的意见，在设计中有针对性地采取预防事故的措施，使设计符合运行实际，保证线路安全、可靠运行。

15.2.2　提高施工质量

施工单位应选用符合标准和设计要求的线路器材，不得使用不合格产品。施工单位应按施工规程、操作规程的规定组织施工和进行作业操作。隐蔽工程施工完毕后，应经监理人员或运行人员验收合格后，施工单位方可转入下一道施工工序。

运行单位（建设单位）应严格审查施工单位资质，重视线路施工的监督与验收工作，确认所采用的设备、材料、线路工程本体施工和线路通道的清理工作符合设计要求，施工移交的技术资料完整且符合实际。

15.3　运用法律保护电力设施

《电力法》、《电力设施保护条例》、《云南省电力设施保护条例》及其实施细则是保护电力设施的主要法律。电力企业和职工要采用多种形式贯彻上述法律，例如积极开展法律宣传，依法成立专门机构依法开展检查工作，依法发放保护通知书（隐患通知书），积极争取地方政府、法院、公安部门对电力企业开展电力设施保护工作的支持与配合，严厉打击盗窃、破坏电力设施的违法犯罪行为。

15.4 积极开展群众护线工作

开展群众护线是电力企业进行电力线路巡视工作的重要补充，要建立并不断完善群众护线制度，落实群众护线员的保线、护线的责任。

15.5 预防架空配电线路发生倒杆事故

15.5.1 合理选择线路路径

新建和改扩建线路应尽量避开矿场采空区、易覆冰区、大风区、环境重污秽区。

15.5.2 加强拉线杆塔的拉线和基础的保护与维护

(1) 在拉线上加装防盗装置。在拉线的下部金具上应采取可靠的防盗、防外力破坏措施。

(2) 加强对拉线的监视与维护。发现拉线松紧不合适时要及时调整。发现拉线被盗或有缺件时应及时补装。发现拉线金具、拉线钢绞线、拉线棒锈蚀时应加强监测，锈蚀严重者应更换或采取补强措施。

(3) 防止基础失稳。对于可能遭受洪水、暴雨冲刷的杆塔，要对杆基和拉盘采取可靠的防汛措施，防止杆基淘空，基础与拉盘上方土层流失；遭遇恶劣天气时应进行特巡。由于取土、挖沙、施工等造成电杆、拉盘浅埋或基础失稳时要及时对其采取补救措施。

(4) 要根据实际增设防风拉线。线路经过大风地段时，要适当增加有防风拉线的直线杆。在一般地段，每隔 10 基直线杆增设一基有防风拉线的直线杆。

15.5.3 确保不设拉线的电杆埋深符合设计要求

施工时要确保钢筋混凝土电杆埋深符合设计要求。新建线路应采用在根部有明显埋入深度标识的钢筋混凝土电杆，为施工、工程验收以及运行监测提供直观的检测判断依据。

15.6 预防架空配电线路断线和掉线事故

15.6.1 正确选择气象区

要根据实际选择设计气象区。一条架空线路可选用一个气象区，也可采用多个气象区。

在易覆冰地区，设计和运行单位都应认真进行线路经过地区气象条件的调查与分析，合理选择线路设计气象区，特别要避免线路经过超出设计条件（杆塔强度，导、地线应力）的微地形、微气象区的地段，以避免出现导、地线实际运行应力大于导、地线允许应力而造成断线事故。要根据气象区和运行环境合理选择导线型式和截面、杆塔型式、线路档距等，提高线路的抗冰能力。

选择架空配电线路路径时，应避免线路通过易覆冰和风口地段。如不能避让时，应避免大档距、大高差，应选择起伏不大的地形走线，应适当缩短档距、缩短耐张段长度，而且杆塔设计应当留有一定裕度。

15.6.2 在腐蚀性气体严重地区应采用耐腐型导、地线

在有严重腐蚀性气体的地区，应采用耐腐型的导、地线。在运行中应加强导、地线，连接金

具，绝缘子的球头等腐蚀情况的检查。当导、地线的强度试验值小于原破坏值的80%时应换线。

15.6.3 确保导、地线连接牢固，弧垂不过紧

要加强施工管理、监理和竣工验收。要防止导线被磨损、硌压，产生破股、金钩；要确保导线连接管压接牢固，过引线连接良好，导、地线弧垂符合要求，不出现弧垂过紧情况；在重要跨越档内不允许导、地线有接头。

在跨越下列被跨物时，10kV导、地线不得有接头：

标准轨距的铁路、高速公路、一级和二级公路、城市一级和二级道路、电车道（有轨及无轨）、通航河流、一级和二级架空明线弱电线路、特殊管道、一般管道和索道。

应采用红外测温技术或其他方法，监测运行中的导线直线连接管、引流线连接金具、缠绕连接接头等的发热情况。应在线路处于大负荷运行期间增加夜间巡视，重点观察接头的发热情况，观察其是否有发红、跳火、水滴接触接头时冒蒸气情况。

15.6.4 避免导线过负荷运行

导线过负荷运行会造成导线过热，引起导线机械强度降低，造成弧垂增大。为避免导线断线事故，要对长期重负荷和老旧架空配电线路进行运行监视，制定过负荷、过温运行的相关技术规定；要加强重负荷、大档距、交叉跨越档的导线弧垂和交叉跨越距离的检测；要对线路下方的危险物进行清理。

15.6.5 防止车辆等撞断导线

检查导线对地距离是否符合规程要求。要在车辆、农用机械和施工机械从导线下方通过，导线可能对其放电或可能被撞断之处的导线上悬挂限高警示牌或采取其他有效的限高措施。

15.6.6 防止导线被外力破坏和山火烧伤

要采取措施防止采石场、施工现场的爆破飞石、靶场射击等对导、地线的损伤；要制止农民在线路导线下方或附近烧山拓荒、燃烧麦秆稻秆、违章用火等行为。

15.6.7 要监管线路保护区或通道内的不安全情况

要防止树木倒落对导线造成的损伤；要防止违章建筑对导线造成的损伤；要防止在线路附近放风筝、钓鱼等对导线造成的损伤以及由上述行为造成触电事故。

15.6.8 要防止掉导线

10kV架空配电线路在交叉跨越下列被跨越物时，为防止掉导线事故，在跨越档两侧直线杆的绝缘子应采用双固定方式：

铁路、高速公路、一级和二级公路、城市一级和二级道路、电车道（有轨及无轨）、通航河流、一级和二级架空明线弱电线路、6～10kV电力线路、特殊管道、一般管道和索道。

要防止绝缘子和金具中的铁件严重锈蚀断裂造成掉线事故。

15.7 预防架空配电线路过电压事故

15.7.1 提高线路易雷击段的耐雷水平

应通过雷击数据统计或雷电定位系统找出频繁雷击跳闸的10kV架空配电线路的重雷区和易雷击点。应在重雷区和易雷击点采取相应的防雷措施，例如适当提高配电线路的绝缘水平、加装避雷线、安装线路型金属氧化物避雷器及其接地装置。

15.7.2　在线路的绝缘薄弱点安装防雷装置

在10kV架空配电线路上的配电变压器、柱上断路器、隔离开关、重合器和分段器、跌落式熔断器、电缆头等绝缘薄弱处应安装避雷器；经常开路运行而又带电的柱上断路器或隔离开关的两侧均应安装防雷装置。要求防雷装置的接地线与开关外壳连接在一起并接地。

15.7.3　同杆塔多回路线路可采取不平衡绝缘的防雷措施

在同杆塔双回路线路上，为减少雷击杆塔造成两回线路同时雷击跳闸事故，可采取一回线路按正常绝缘配置，另一回线路提高绝缘配置的方法。

15.7.4　防止并联电容补偿装置发生操作过电压事故

10kV并联补偿装置的断路器应采用合闸过程中触头弹跳小、开断时无重燃及适合频繁操作的断路器，以避免投切并联电容器时发生较高的操作过电压。同时在10kV并联电容器补偿装置上应安装金属氧化物避雷器，以此作为操作过电压的后备保护装置。

15.8　预防架空配电线路污闪事故

15.8.1　在设计阶段应采取的防污闪措施

设计单位在进行设计时应掌握当地的污区分布图和上级下发的防污闪措施，并充分听取运行单位和电力科研单位的意见。

对于新建、改扩建架空配电线路，其绝缘子的外绝缘配置原则是以污区分布图为基础，并综合考虑环境污染的变化因素，在一般情况下按以下原则配置：

(1) 通过一级污区的线路，提高一个污区级按二级污区水平配置绝缘子的外绝缘爬距；

(2) 通过二级污区的线路，提高一个污区级按三级污区水平配置绝缘子外绝缘爬距；

(3) 通过三级污区的线路，采用满足三级污区水平要求的大爬距定型绝缘子（即防污型绝缘子），同时采用在绝缘子表面涂刷防污涂料等措施；

(4) 对于四级污区，应尽量使架空线路避让该污区，如避让不开时，应采取与三级污区线路同样的防污闪措施。

在具体运用上述原则时，对于城区10kV架空配电线路的绝缘子外绝缘爬距，《中国南方电网城市配电网技术导则》规定：城区宜选用防污针式绝缘子或瓷横担绝缘子；重污秽及沿海地区，当采用绝缘导线时应采用15kV绝缘子，当采用裸导线时应采用20kV绝缘子。

注：城区是指省（区）辖市（自治州）的市区。

15.8.2　在运行阶段的防污闪措施

应定期开展盐密测量、污源调查，及时修订污区分布图。

应采用最新的污区分布图对照检查现有10kV架空配电线路绝缘子的外绝缘爬距，不满足污区等级要求的应予以调整。如受条件限制不能调整的，应采取必要的防污闪补救措施，例如在绝缘子外表涂刷防污涂料，清扫绝缘子等。

15.9　预防鸟害事故

为了预防鸟短路事故和鸟粪污闪事故，在鸟害多发区，候鸟迁徙区，应同时采取驱鸟和及时清扫绝缘子措施。在驱鸟措施方面应积极采用新型、智能型驱鸟技术，例如采用超声波驱鸟器、激光驱鸟器。

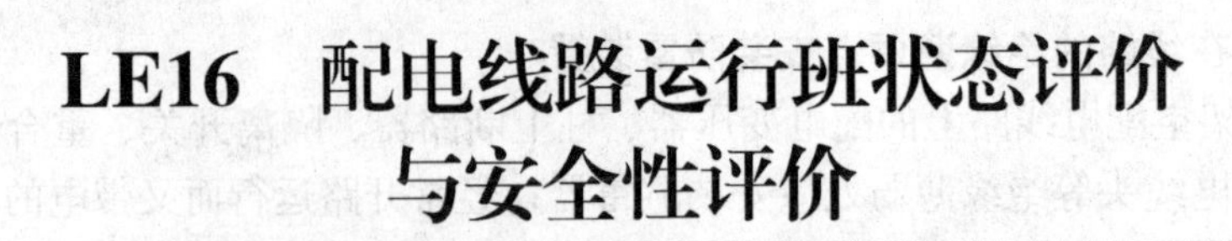

LE16 配电线路运行班状态评价与安全性评价

16.1 班组的状态评价与管理

16.1.1 状态评价的有关含义

（1）状态评价。对于配电线路的状态评价，是指对运行过程中的配电线路、设备及设施的部件的技术性能、运行工况、缺陷情况等满足运行要求的程度及技术档案的完备情况进行评价。

状态评价类似于以往开展的设备评级，但两者有区别。设备评级是以整条线路为评价单位，而状态评价是以线路的部件为评价单位。

（2）进行状态评价的目的。进行状态评价的目的是依据状态评价的结果指导巡视（一般巡视、状态巡视）、维修及设备检修、技术改造等工作。

（3）状态类别的标准。一条10kV配电线路通常由线路（包括架空线路和电缆线路等部件）、设备（包括柱上开关、电缆分接箱等部件）、设施（包括配电站或称配变站、开关站等部件）三部分组成。对一条线路进行状态评价，是对其中的线路、设备、设施的指定名称的部件分别进行评价，评出各个指定名称的部件评价类别。在一条10kV配电线路中被指定要进行状态评价的部件名称是架空配电线路、电力电缆、配电站（又称配变站，包括户外的柱上变压器，户内配电变电站和箱式配电变电站）、开关站、柱上开关、电缆分接箱。

状态评价有三种类别，各类别的标准为：

（1）一类线路、设备、设施的部件，是指技术性能完好、运行工况稳定、不存在缺陷且与运行条件相适应，必备的技术条件资料齐全的线路、设备、设施的部件。

（2）二类线路、设备、设施的部件，是指工况基本完好，个别元件有一般性缺陷，但不影响稳定运行和人身及设备安全，主要技术资料齐全的线路、设备、设施的部件。

（3）三类线路、设备、设施的部件，是指技术性能下降严重、运行工况不能适应运行条件的要求，继续运行对安全稳定运行构成严重威胁或危及人身安全和设备安全的线路、设备、设施的部件。

上述标准是原则性标准，具体的分解标准详见上级制定的状态评价办法。

在评价出来的一、二、三类线路（或设备、设施）的部件当中，一、二类为良好线路（或设备、设施）部件，三类为不良线路（或设备、设施）部件。

16.1.2 班组状态评价的管理内容

班组领导对状态评价的管理，主要包括三方面管理内容。

（1）对状态评价周期的管理。班组进行的状态评价，其周期一般为每半年一次。具体的周期按供电企业的状态评价管理办法的规定确定。

（2）对状态评价操作的管理。班组负责对本班组所管辖的线路、设备、设施的部件进行状态评价，按状态评价标准的要求分别对线路、设备、设施的指定名称的部件进行状态评价，分别评出一类、二类、三类线路部件、设备部件以及设施部件。

(3) 对状态评价结果的统计与上报管理。班组领导（含班组技术负责人）按职责分工负责统计、汇总指定名称的部件的完好率并按期填表上报配管所。

完好率的通用计算公式为

完好率(%)=[(一类、二类数量之和)÷(一类、二类、三类数量之和)]×100%

式中：数量的单位为 km 或台。

统计报表的格式详见中国南方电网公司 Q/CSG 210124—2009《中低压配电运行管理标准》附录 F 之表 F.2 配电生产运行指标统计表。

16.2 班组的安全性评价与管理

16.2.1 安全性评价的有关概念

(1) 安全性评价。安全性评价是指综合运用安全系统工程对系统（即企业的安全基础）的安全性进行度量和预测，通过对系统存在的危险性进行定性和定量的分析，确认系统发生危险性的可能性及其严重程度，提出必要的措施，以寻求最低的事故率、最小的事故损失和最优的安全投资效益。

(2) 安全性评价的目的。安全性评价的目的是夯实安全生产基础，对危险因素实行超前控制，预防和减少事故。

(3) 安全生产基础。安全生产基础是为保证安全生产，企业在人员、设备、环境、管理等方面必须具备的基本条件。

(4) 安全性评价的文件。用来规范企业安全性评价的文件是由上级单位（例如国家电网公司、南方电网公司、云南电网公司）统一编制并颁布的安全性评价文件。适用于地市级供电企业和县级供电企业的安全性评价文件主要有三种：①管理办法；②查评标准（简称《标准》）；③查评依据（简称《依据》）。查评依据是编制查评标准的依据。查评标准包括总则、生产设备（包括变电一次和二次设备、调度设备、输配电设备、城市电网设备）、劳动安全和作业环境、安全生产管理四个方面的标准。

(5) 安全性评价的方式和基本程序。安全性评价的方式采用企业自评价和专家评价相结合。一个完整的安全性评价由企业自评价与专家评价的两个“评价—整改—复评价”过程组成。企业自评价由各基层企业自行组织进行，专家评价由基层企业的上级单位组织专家组对基层企业进行评价。

安全性评价执行一个闭环管理的评价程序，其基本程序为：本轮的企业自评价—自整改—自复评价—本轮的专家评价—专家评价后的企业整改—专家复评价—下一轮的企业自评价……

(6) 安全性评价的周期。供电企业安全性评价的周期为 2～3 年。

(7) 企业自评价的操作原则。企业自评价采用由企业安评领导小组统一领导部署的分级评价的操作原则，即按班组、车间、安评专业组、安评领导小组的顺序自下而上按分级评价原则进行评价。

其中班组的安全性评价是班组对所辖的设备（线路、设备、设施）、涉及班组的劳动安全与作业环境、安全管理三个方面，按《标准》对上述三个方面所列的评价对象或评价项目进行评价。

16.2.2 班组的安全性评价的管理

在企业进行安全性评价工作时，班组领导负责班组安全性评价的管理工作。

（1）班长将班组安全性评价任务分解落实到每个班组成员。

按岗位职责分工，在班组开展评价过程中，班长全面负责，副班长协助班长管理安全管理方面的评价工作，班组技术负责人协助班长管理设备、劳动安全与作业环境方面的评价工作，其他班组成员负责自己所辖的设备、劳动安全与作业环境、安全管理方面的评价工作，将发现的问题进行记录、汇报。

（2）收集各班组成员发现的问题，必要时进行核实。

（3）将发现并核实确认的问题记录在“安全性评价发现的问题及整改措施”表中。记录时先将发现的问题与《标准》所列问题对照，按《标准》规定的问题写法与编写序号登记在表中。

（4）将登记表报送车间（工区），经车间（工区）汇总各班组的报表后，再报企业的安评专业组。

LE17　MU3思考与问答题

1. 简述裸导线的型号规格的表示法。

2. 简述 10kV 和 1kV 及以下架空绝缘电缆的型号规格表示法。

3. 简述 10kV 电力电缆的型号规格表示法。

4. 简述低压针式、蝶形绝缘子的型号规格表示法。

5. 简述中压针式绝缘子的型号规格表示法。

6. 简述陶瓷横担的型号规格表示法。

7. 简述悬式绝缘子的新、旧型号表示法。两种型号表示法的主要区别是什么？

8. 简述配电变压器的型号规格表示法和主要技术参数名称。

9. 简述中压断路器的型号规格表示法和主要技术参数。

10. 简述中压熔断器的型号规格表示法和户外式熔断器的主要技术参数。

11. 简述中压隔离开关的型号规格表示法和主要技术参数。

12. 重合器和分段器是什么？两者的主要区别是什么？

13. 对架空配电线路进行验收时，应检查哪些工程质量项目？施工方应向业主移交哪些资料、文件？

14. 对运行中的架空配电线路检修项目进行验收时，应依据什么标准进行验收？

15. 对新建电力电缆线路进行验收时，应检查哪些项目内容？施工方应向业主移交哪些资料、文件？

16. 对电力电缆线路检修项目的验收，应根据什么标准进行验收？主要的验收检查内容是什么？

17. 杆（塔）位明细表是什么？

18. 杆（塔）位明细表一般由哪两个主要部分组成？杆（塔）位明细表的表格一般应含哪些栏目名称？

19. 什么是导线和地线的初伸长？架设新导线（或地线）时为什么要考虑初伸长？

20. 在架设新导线（或地线）线路在计算它的观测弧垂时，一般采用哪两种方法来抵消初伸长造成的弧垂增大？在架空配电线路架设时，《66kV 及以下架空电力线路设计规范》推荐采用哪种方法抵消初伸长对弧垂增大的影响？

21. 简述弧垂观测档的选择原则。

22. 简述架设新导线时计算观测档弧垂的步骤，并列出计算观测档的观测弧垂的公式。

23. 如何检查运行中的导线弧垂和判断它是否符合设计规定值？

24. 班组技术负责人有哪些主要岗位职责？

25. 班组技术负责人有哪些技术管理的主要内容？

26. 班组缺陷管理的目的是什么？

27. 中国南方电网《中低压配电运行管理标准》规定紧急、重大、一般缺陷的处理时限为多长？

28. 在变电站内10kV架空配电线路出线杆塔上应标示哪些标志？

29. 在10kV架空配电线路杆塔上应标示哪些标志？

30. 在柱上变压器及台架上应标示哪些标志？

31. 在开关站的箱体外面应标示哪些标志？

32. 在户内配变站的外面应标示哪些标志？

33.《供电营业规则》规定10kV及以下电压用户的受电端电压的允许电压偏移值是多少？

34. 公用低压网络每个低压台区的首端电压、末端电压每年应测量几次？在什么情况下还应测量其电压？

35. 应按哪些原则控制配电变压器的运行负荷？

36. 配电变压器三相负荷的不平衡度如何计算？

37. 状态巡视有哪些优点？制定与执行状态巡视计划的流程包括哪些过程？

38. 状态巡视周期与特殊区段在特殊季节内的巡视周期有何不同？

39. 新建线路设备投产验收时应重点检查哪三方面的问题？

40. 新建线路投产验收时对工程质量方面的检查，应重点检查哪些项目的质量？

41. 新建线路投产验收时对运行条件方面的检查，应重点检查哪些项目的内容？

42. 用户产权的新建线路投产验收时对运行前应办理手续的检查，应查哪些手续是否已办理完毕。

43. 什么是设备的交接试验？什么是设备的预防性试验？

44. 什么是反事故措施？什么是安全技术劳动保护措施？

45. 什么是"两措"？如何制定"两措"计划？

46. 编制"两措"计划时应遵守哪两点要求？

47. 运行分析一般分为哪两种分析？

48. 综合运行分析一般应包括哪三方面的分析？

49. 专题分析是什么分析？

50. 班组技术负责人在运行分析的管理方面应负责哪些工作？

51. 按《特种作业人员安全技术考核管理规则（2013修订）》规定，电业作业是特种作业，其作业人员是特种作业人员。电业作业包括电工作业和非电工作业。其中电工作业应接受什么部门的培训与考核？非电工作业人员（如焊工、驾驶员）应接受什么部门的培训与考核？班组技术负责人在班组技术培训工作中应担负哪些管理工作？

52. 配电线路运行班班组领导在线路巡视与检测管理方面应重点管理哪两项工作？

53. 配电线路巡视一般可分为哪几种巡视？

54. 中国南方电网《中低压配电运行管理标准》规定的对10kV架空配电线路的定期巡视，对线夹及接头测温、接地电阻测量、瓷绝缘子检测等的检测周期是多长时间？

55. 中国南方电网《中低压配电运行管理标准》规定的对10kV配电电缆线路的定期巡视、电缆头测温的检测周期是多长时间？

56. 配电线路的特殊区段，按引发事故的原因划分，一般可划分为哪些种类？

57. 应按什么原则来确定线路特殊区段的巡视周期？

58. 在线路重污区应重点检测什么项目？在重负荷线路和设备上应重点检测什么项目？

59. 为什么要进行保供电巡视？当10kV配电线路跳闸，重合闸不成功，确定为永久性线路故障时，配电线路班组领导应如何组织线路故障（事故）巡视？

60. 什么是线路缺陷？中国南方电网《中低压配电运行管理标准》将缺陷划分为几类？缺陷管理流程图由哪些过程构成？

61. 哪些缺陷属于紧急缺陷？

62. 哪些缺陷属于重大缺陷？

63. 哪些缺陷属于一般缺陷？

64. 将配电线路中永久性故障段暂时隔离的常用方法有哪些？

65. 配电线路运行班平时应负责哪些线路维护工作？配电线路运行班应建立哪些基础资料、运行管理记录和其他资料？

66. 配电线路运行班应配备哪些常用工具？

67. 配电线路运行班应配备哪些常用仪器仪表？

68. 简述在高处使用钳形电流表的安全措施和使用钳形电流表测量低压线路电流的方法。

69. 简述使用携带型交流电压表的安全措施和用携带型交流电压表测量低压线路电压的方法。

70. 简述用ZC型接地电阻测试仪测量杆塔接地电阻的安全措施和测量杆塔接地电阻与土壤电阻率的方法。

71. 选用绝缘电阻表的原则是什么？简述使用绝缘电阻表的安全措施和用绝缘电阻表测量配电变压器高压线圈对地绝缘电阻的方法与测量电力电缆一相导线对地绝缘电阻的方法。

72. 简述配电线路运行班常用绝缘工具和登高工具的试验周期和试验标准。

73. 接地装置的定义是什么？

74. 人工接地极（体）有哪些基本型式？

75. GB 50169—1992《接地装置施工和验收规范》规定钢接地体和钢接地线的最小规格是多少？

76. 按接地作用划分，一般可将接地分为几种接地？

77. 请问配电变压器容量为100kVA以上、电压为10/0.4kV的低压侧中性点上的接地属于何种用途的接地？其工频接地电阻值应为多大？

78. 在10kV架空配电线路中，某些柱上开关如果经常处于断开状态但开关两侧均带有电压，问该开关处应如何装设避雷器和接地，工频接地电阻应是多少？

79. 请列出单根垂直接地极和多根垂直接地极的工频接地电阻的计算公式。请列出不同形状水平接地极工频接地电阻的计算公式。当原接地装置的接地电阻不合格而需补埋接地极时，应如何估算补埋接地极的接地电阻值？

80. 通常所称的柱上变压器包括哪些型式的柱上变压器及其设备？柱上开关包括哪些种类的开关设备？配电变电站包括哪些种类的配电变电站？

81. 简述柱上变压器的检测项目及定期巡视、检测周期。

82. 简述柱上开关的检测项目及定期巡视、检测周期。

83. 简述开关站的检测项目和定期巡视、检测周期。

84. 简述室内变电站和箱式变电站的检测项目和定期巡视、检测周期。

85. 在巡视配电线路和配电线路上的设备、设施时，一般应巡视检查哪些内容?

86. 当运行中的配电变压器出现异常情况时应及时处理。试问这些异常情况包括哪些内容?

87. 配电变压器并联运行的条件是什么?

88. 当无熔丝安-秒特性时，应如何确定10kV配电变压器高压侧熔断器熔丝的额定电流?在运行中的10kV跌落式熔断器出现异常情况时应及时进行检查处理，试问这些异常情况包括哪些内容?

89. 当运行中的无功补偿电容器出现异常情况时应将其停止运行和进行处理，试问这些异常情况包括哪些内容?

90. 配电线路运行班及其成员在安全管理方面应认真执行哪四条预防事故的典型的反事故措施?

91. 在预防架空配电线路倒杆事故方面有哪些反事故措施?

92. 在预防架空配电线路断线和掉线事故方面有哪些反事故措施?

93. 在预防架空配电线路过电压事故方面有哪些反事故措施?

94. 在预防架空配电线路污闪事故方面有哪些反事故措施?在防鸟害事故方面有哪些反事故措施?

95. 状态评价的定义是什么?

96. 进行状态评价的目的是什么?

97. 对线路（或设备、设施）的部件的状态进行评价时，将其状态划分为几类?

98. 一、二、三类部件的状态评价标准是什么内容?

99. 什么类别的部件属于完好部件?什么类别的部件属于不良部件?

100. 在一条10kV配电线路中，被指定进行状态评价的部件是哪些名称的部件?

101. 请列出10kV配电线路中的架空配电线路、电缆线路、配变站、开关站、柱上开关、电缆分接箱等部件完好率的通用计算公式。

102. 安全性评价的含义是什么?安全性评价的目的是什么?

103. 供电企业安全性评价的周期是多少?一个完整的安全性评价由哪两个评价过程组成?

104. 供电企业按什么操作原则进行安全性评价的自评价?

105. 在供电企业进行安全性评价工作时，班组领导成员和工作成员应负责哪些班组安全性评价管理工作?

参 考 文 献

[1] 电力工业部. 安全基础知识（试用本）. 北京：水利电力出版社，1982.

[2] 云南电网公司，云南省急救中心. 电网企业员工现场生命自救互救培训教材. 北京：中国水利水电出版社，2009.